恐竜はすごい、
鳥はもっとすごい！

低酸素が実現させた驚異の運動能力

佐藤拓己

光文社新書

プロローグ　すべては低酸素から始まった

（1）ツルはエベレストを越える

筆者は鳥と獣脚類（じゅうきゃくるい）（＊1）に特別な興味を寄せている。鳥と獣脚類は「1つの主題」をもとに、遺伝子、細胞、臓器、そして全身骨格まですべてつくり変えたからだ。「1つの主題」とは、「低酸素への適応」だ。空気中の酸素濃度が下がっても持続的に運動できる能力のことである。

2億2千万年前の初期獣脚類（例：コエロフィシス（＊2））は、完成されたスーパーアスリートだった。酸素濃度が10％しかなくとも持続的に運動できた。

脊椎（せきつい）動物の中で、獣脚類は独自の道を歩んだ。獣脚類は低酸素に適応するため、遺伝子のレベルから肉体まで徹底的に改造した。彼らの戦略の出発点は、ゲノムを半分近く切り捨てることだ。こんな無茶な戦略で、約2億2千万年前には完成形の初期獣脚類であるコエロフィシスを登場させた。約2億5千万年前までは、ほとんど現在のトカゲと同じような姿だったのに、たった3千万年の間に遺伝子から全身骨格をつくり変えて、洗練された直立二足歩行で高速で走行する最高のスプリンターに変貌（へんぼう）したのである。

現在の鳥は、約2億2千万年前の初期獣脚類が獲得した運動能力を受け継いで、空を飛んでいる。驚異的としかいいようがない。この間、哺乳類の先祖である獣弓類（じゅうきゅうるい）（＊3）は、あまり姿を変えていない。体がかなり小型になったくらいだ。鳥の運動能力は、この初期獣脚類の運動能力があってこそ可能になった。初期獣脚類が完成させた、この大変革の過程を、「**低酸素への適応**」というキーワードで見ていきたい。

低酸素への適応を通じて運動能力はなぜ獲得できたのか？

本書の基本的なアイディアは、著者が２０２１年に内分泌学のトップジャーナルである『Trends in Endocrinology and Metabolism』に発表した論文（Bird evolution by insulin resistance.)（＊4）に基づいている。

さあ始めよう。なぜ恐竜は地球上の覇権を握ることができたのか？

＊　　　＊

1900年代から1930年代、時は帝国主義の時代。欧州列強は国の威信をかけて、ヒマラヤ山脈の頂（いただき）を目指した。イギリスは世界の最高峰、ヒマラヤ山脈のエベレスト（8848m）の頂を、大英帝国の威信をかけて征服を目指し、何回も登攀隊（とうはんたい）を送った。しかし、そのたびに挑戦は跳（は）ね返された。1953年、ヒラリーとノルゲイがようやく初登頂を達成したのだから、半世紀をかけて達成したことになる。

登攀隊は、数千人の現地ポーター、数十人の登攀隊員からなる。5000m地点のベースキャンプと、5から10の中間キャンプをつくりながら、6カ月程度の時間と多くの資金を投入した。

エベレストの登頂は、山の険しさのために困難を極めたのではない。スイスのマッターホルンの方がはるかに険しい。ただ、酸素濃度が低すぎた。酸素濃度が7%しかなかったからだ。この頃、8000m から上の地域は「死の地帯」といわれた。酸素濃度は7%程度しかないので、高度障害のために、酸素ボンベなしに2日以上そこに留まることができないからだ。エベレストの８０００ｍに近い中継地点に、サウスコルと呼ばれる平らな場所があり、多くの登攀隊はここに最後の中間キャンプを置いた。左に進むとエベレスト、右に進むとローツェである。

エベレストに登頂するためには、遅くとも前日までにこのキャンプに入り、サポートする隊員から酸素ボンベを受け取る必要がある。

このサウスコルのキャンプのはるか上空を、アネハヅルの群れが越えることを、多くの登攀隊が報告している。アネハヅルはチベットからインドへ向かうために、このエベレストの上空を越える。酸素濃度７％、気温マイナス30℃、そして風速30ｍの風が常に吹いているエベレスト山頂付近を越える、アネハヅルの整然とした群れ。初めて見た人はさぞかし驚いたことだろう。酸素濃度が７％しかない世界で、高度障害に苦しんでいる登攀隊員のはるか上空を、ツルが悠々と飛んでいく。

風と気温は登山着を着れば何とか耐えられる。しかし酸素濃度は別だ。地上の３分の１にあたる濃度でしかない。この酸素濃度でどうしてそんな運動ができるのか？　ヒトはここに到達するためだけに数カ月の高度馴化（じゅんか）が必要で、さらに８０００ｍを超えると酸素ボンベも必要だ。しかも数十人の登攀隊の中で、頂上に行けるのは最強の1人か2人だけだ。哺乳類にとって、低酸素への適応がいかに困難かを示す実例だ。

8000mを超える高度に、ヒトは無酸素で長くいることはできない。滞在可能な時間は長くて1日だ。40年以上前に、「超人」と呼ばれたラインホルト・メスナーは、盟友であるピーター・ハーベラーとペアを組んで、酸素ボンベを使わずにエベレストに登頂したが、一部の生理学者が「デタラメだ」と声を上げた。ヒトの到達可能な高度は8400m程度にあり、それ以上では無理だと予測していたからだ。

それほど、8500mを超えるエベレストやK2は、酸素ボンベを使わなければヒトでは登頂は不可能とされていたのだ。ただメスナーの後、続々と無酸素でエベレストを登頂する登山家が現れた。単なる生理学者の偏見であることがわかったのだ。

とはいえ、8000mを超えると「死の世界」であることは、今も昔も変わりがない。無酸素で1日以上滞在すれば、帰還は難しくなる。8000mを超えると、有名な登山家でさえ、幻覚を見ることがあり、時間の感覚がなくなる。たとえば3分休んだつもりが、30分以上経過していたということは、よくあるそうだ。

（2）スーパーミトコンドリアはゲームチェンジャー

ヒトとアネハヅルの低酸素での運動能力には、超えられない大きな差がある。ヒトのスーパーアスリートでも、アネハヅルの運動能力の領域に到達することはできない。哺乳類の運動能力は、鳥類の運動能力に遠く及ばない。酸素濃度が低下すると、哺乳類の運動能力と鳥の運動能力の差はどんどん大きくなる。

さらにいえば、鳥類の運動能力は、生物の中でも別次元のものである。

この理由は、鳥が別次元のミトコンドリアを持っているからだ。これは哺乳類のミトコンドリアとはまったく異なる。本書では、これを**「スーパーミトコンドリア」**（＊5）と呼ぶことにする。

脊椎動物の中で、鳥類のスーパーミトコンドリアは特別だ。スーパーミトコンドリアは、哺乳類のミトコンドリアと比較して、酸素消費が高く、活性酸素が低く、脂肪の合成が低い。ミトコンドリアだけを細胞から取り出して実験しても、明らかに哺乳類とは活性が異なる（＊6）。

鳥は細胞がスーパーミトコンドリアで満たされているため、活性酸素をつくらずに、常にフルパワーでエネルギー基質を生産することができる。スーパーミトコンドリアで酸素を消費するので、鳥は驚異の運動能力を発揮することができるのだ。

スーパーミトコンドリアの出現による「酸素消費」の増加は、気囊(きのう)システム(＊7)の装着による「酸素供給」の増加と、セットで理解する必要がある。酸素の需要と供給の両面から改革を引き起こしたからこそ、低い酸素濃度の環境でも、高い効果（運動能力）を発揮する。

鳥のガス交換能力は、酸素濃度が下がれば下がるほど、哺乳類の肺とは次元が異なることが明確になる。たとえば、鳥の酸素吸収能力は、20％の酸素濃度の時は、哺乳類の30％程度高いだけだが、10％の酸素濃度（たとえば高度６０００ｍ）においては、哺乳類の肺よりも２００％効率が高い(＊8)。

スーパーミトコンドリアを持つ鳥は、持続的に運動すると酸素消費はどんどん増えるが、活性酸素の放出量はほとんど増えない。これは哺乳類と比較するとわかりやすい。哺乳類は強度の高い運動をすると、酸素消費は増えるが、活性酸素の放出量はそれ以上に増える(＊9)。この意味で、哺乳類ではミトコンドリアを活性酸素の発生源と理解することが可能だ。

しかし鳥は異なる。むしろミトコンドリアは活性酸素を除去する装置である。だから細胞内に大量のミトコンドリアを抱えていても、ほとんど活性酸素が増えることはない。

まとめると、哺乳類ではミトコンドリアは活性酸素の放出源として老化を促進する働きがあると考えることができるが、鳥ではミトコンドリアは活性酸素を除去する装置として働くために、老化を抑制する働きがある（＊9）。

スーパーミトコンドリアは三畳紀（表1）の「ゲームチェンジャー」だった。獣脚類はスーパーミトコンドリアですべての細胞を満たし、卓越した運動能力を手に入れた。酸素濃度が高くなれば、彼らの運動能力はさらに増強され、ジュラ紀に空へ飛び立つチャンスを得た。獣脚類の子孫である鳥は、卓越した飛行能力を獲得し、白亜紀には翼竜（＊10）を生態系の端に追いやってしまった。

第2次世界大戦の後期（１９４３年）、アメリカ空軍は戦闘機Ｐ51マスタングを開発した。これはプロペラ機の「ゲームチェンジャー」である。なにせ、１５００馬力の出力で、時速７５０kmのスピードがあるのだ。１０００馬力の出力で時速５００kmのゼロ戦では勝てるはずがない。

鳥のスーパーミトコンドリアは、Ｐ51マスタングの１５００馬力のエンジンみたいなもの

地質年代		数値年代
新生代		6千6百万年前～現在
	KT境界 (*12)	6千6百万年前
中生代	白亜紀	6千6百万年前～ 1億4千万年前
中生代	ジュラ紀	1億4千万年前～ 2億年前
中生代	三畳紀	2億年前～ 2億5千万年前
	PT境界 (*11)	2億5千万年前
古生代	ペルム紀	2億5千万年前～ 3億年前
古生代	石炭紀	3億年前～ 3億6千万年前

表1 地質年代

中生代（三畳紀、ジュラ紀、白亜紀）は、2つの大絶滅（PT境界とKT境界）で挟まれている。特にPT境界は史上最大の絶滅だった。この絶滅後の廃墟の中から、初期獣脚類が現れることになる。

だ。これに対して哺乳類は、1000馬力のエンジンしかないゼロ戦のようなものだ。低酸素の条件では、哺乳類がどのような工夫をしようが、獣脚類との生存競争に勝てるはずがない。

鳥はいつ、スーパーミトコンドリアを獲得したのか？

獣脚類が鳥に進化するのは、ジュラ紀後期とされているが、この時すでに、酸素濃度は高い状態なので（図1）、ミトコンドリアを急激にスーパーミトコンドリアに変える理由が見当たらない。唯一考えられるのが、飛行のために、ミトコンドリアをスーパーミトコンドリアに変えたということである。しかし、これもありそうもない。それよりも、スーパーミトコンドリアをすでに装着していて、高い運動性能を持っていたから、飛行できたと考える方がはるかに合理的である。

スーパーミトコンドリアの装着は、ＰＴ境界（2億5千万年前）（＊11）の直後、非常に短い時間の間で起こったはずだ（前頁・表1）。このあたりの経緯については第7章、第8章で詳しく述べさせていただきたい。

多くの研究者が初期獣脚類も気嚢（＊7）を持っていたと考えているが、気嚢システムは間

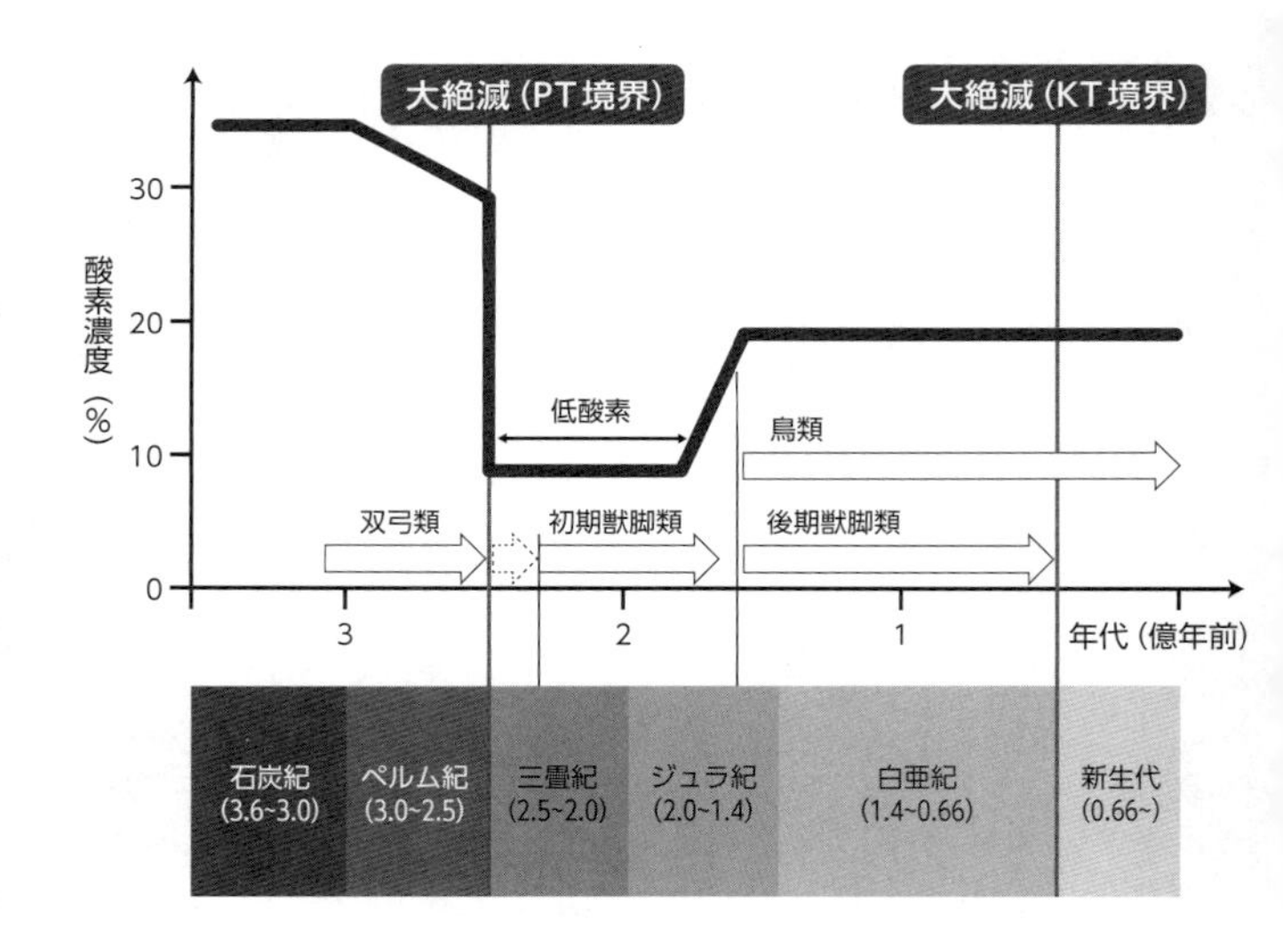

図1　酸素濃度の変遷（*13）

ペルム紀の前の石炭紀末期には、大気中の酸素濃度が35%程度に達し、空前の高酸素を記録した。続くペルム紀の終わりまで、酸素濃度は徐々に減少していたが、30%程度を維持していた。この間、獣脚類の祖先である双弓類はトカゲとほぼ同じ姿である。ＰＴ境界の後、三畳紀に酸素濃度は3分の1に低下した。これがジュラ紀中期まで約数千万年続いたとされる。この低酸素の時代に、生態学的な覇権を握ったのが、初期獣脚類である。初期獣脚類が低酸素への適応を通じて獲得した卓越した運動能力を基盤として、酸素濃度が増加するジュラ紀後期以降、あるいは白亜紀に現れたのが、アーケオプテリクス（*14）などの鳥類と、ドロマエオサウルス（*15）などの後期獣脚類である。しかしＫＴ境界の後、鳥以外の恐竜はすべて絶滅した。読者に概略をつかんでいただくために、酸素濃度の推移については、論文（*13）の内容を大幅に簡略化したものである。

違いなくＰＴ境界直後に完成されていたと見る。なぜなら気嚢システムは、低酸素への適応のために進化させたものであり、三畳紀にこそ効果を発揮するものだからだ。また初期獣脚類の多くはすでに主な骨格が中空化されているのである（骨格の中空化した部分に気嚢が装着されていた）。

三畳紀の初期獣脚類にこそ気嚢が必要だったのだ。気嚢システムの装着の経緯については第8章に詳しく書いているので、そちらも楽しみにしていただきたい。

さらに気嚢システムのもう1つの機能は、放熱である。なにせ、気嚢は全身を空気が循環する最高の空冷システムだ。特に、特別な放熱システムがない骨盤や大腿骨（だいたいこつ）周辺の放熱には最適だ。

この機能は、酷暑の三畳紀にこそ必要なものだ。気候がより冷涼化したジュラ紀後期よりも、気候が温暖だった三畳紀にこそ発達させたと考えた方が、理にかなっている。気嚢システムが本当に必要なのはジュラ紀ではない。三畳紀だ。このような能力は低酸素でこそ、本来の能力を発揮する（13頁・図1）。

また、鳥は卓越した運動能力をいつ身につけたのだろうか？

「ジュラ紀後期に、始祖鳥（アーケオプテリクス（＊14））が小型獣脚類から進化して、初めて鳥が出現した。この間に飛行能力を向上させた。飛行能力を獲得する過程で、低酸素での運動能力を身につけた。獣脚類から鳥への進化の過程を、中間形質（＊16）を持つ化石の中から明らかにすれば、その解答が見つかるのではないか」

これは常識的な答えだ。

しかし筆者は、この常識には大きな疑義を持つ。

ジュラ紀後期から白亜紀の時期は、酸素濃度が徐々に増加し、現在の酸素濃度（20％）に近づいている。酸素濃度が高くなっている環境中で、鳥は低酸素への適応能力を磨いたことになる。低酸素への適応は、低酸素の環境中にいなければとても達成できることではないと思う。卓越した運動能力は、ジュラ紀後期に鳥が獲得したものではないはずだ。三畳紀に初期獣脚類が獲得したものだ。このような提案をこれまで誰もしてこなかったのは、不思議なくらいだ（＊4）。

低酸素への適応は、三畳紀に獲得された。獣脚類が現れたのは、約2億5千万年前の大絶滅から約2億3千万年前の2千万年の間である。この間、地球上は、空前絶後の低酸素（10%程度）の時期にあたる。獣脚類は生物史におけるこの2千万年という短い時間に、ゲノムの再編に始まるボディプランの大変革の中で、低酸素への適応を完了させた（＊17）。

本書は、数千万年持続した低酸素の時代に焦点を当て、低酸素が獣脚類の進化に果たした役割を述べる。低酸素への適応を通じて獲得した運動能力を駆使して、獣脚類は中生代の生態学的な覇者となった。後継者の鳥は、ジュラ紀後期に飛行能力を獲得した。

獣脚類と鳥の、低酸素への適応の物語を始めることにしよう。

現在では、鳥が獣脚類の一部であることがわかり、鳥と獣脚類の距離は縮まっているが、まずは両者の共通の祖先である初期獣脚類の新しい姿から見てゆくことにしよう。

恐竜はすごい、鳥はもっとすごい！

目次

本文図表作成／キンダイ
部扉、36～37頁、巻末デザイン／熊谷智子

【本書を読む前に】

読者が本書を容易に理解できるように、巻末に参考資料をつけ、恐竜の復元画もできるだけ載せた。本文中に（＊1）などと示してある部分は、巻末（271頁〜）を参照していただけたらと思う。

第 I 部

初期獣脚類のニュービジュアル

三畳紀の恐竜については、情報自体が極端に少ない。初期獣脚類は、三畳紀の低酸素との格闘の中から、生存に適したビジュアルを獲得していった。三畳紀の末期になると、発掘される恐竜の化石の多くが、コエロフィシスになってしまった(＊18)。コエロフィシスは獣脚類のチャンピオンになったのだ。これは、コエロフィシスが最も素晴らしく低酸素に適応したからに他ならない。ここでは三畳紀のチャンピオン・コエロフィシスのビジュアルを再構成し、当時の環境を含めその実態を明らかにする。

第1章　コエロフィシス（初期獣脚類）のニュービジュアル

（1）コエロフィシス——スーパーアスリート

本書は、アロサウルス（＊19）やティラノサウルス（＊20）などの後期獣脚類が登場するジュラ紀後期や白亜紀末期よりも、その前の時代である三畳紀に注目する。

筆者は、初期獣脚類が出現した時、現在の鳥とほぼ同等の、卓越した運動能力を持っていたと提案する。三畳紀の初期獣脚類の代表格であるコエロフィシス（＊2）は、低酸素への適応を完成していたからだ。

さらにいえば、コエロフィシスは、スーパーミトコンドリア（＊5）を持っていたからだ

（このあたりについては、第7章と第8章で詳述する）。

本書では、初期獣脚類と、その直系の子孫である鳥類の物語を中心に述べる。まずは三畳紀の世界を描くことから始めたい。それは想像を絶するすさまじい世界だ。

コエロフィシスは酸素濃度10％の世界に棲んでいて、これに完全に適応している。この厳しい制約のもとで、最大限の運動能力を達成した。もし彼らの重い制約を取り外したらどうなるか？

たとえば、コエロフィシスを酸素濃度20％の現代に突然連れてきたらどうなるか？　彼らの運動能力は大幅に増強されるだろう。時速30㎞で走っていたものが、時速80㎞で走るようなことが起こる。たとえていえば、スーパーマンにでもなったような感覚だろう。

これは空想ではない。１０００ｍ程度の高地（酸素濃度18％程度）でマラソン選手がトレーニングをすると、短期間で大きく記録を伸ばすことができる。こうした高地トレーニングとは比較にならない程度の運動能力の増強がコエロフィシスに現れることは、想像に難くない。

わかりやすく想像するために、あなたがタイムカプセルに乗って、三畳紀のど真ん中、約2億2千万年前のパンゲア大陸の海岸近くにタイムスリップしたとしたら、どのようになるか述べてみよう。

近くに海は見えるが、見慣れたブルーの海ではない。また潮の匂いもしない。大絶滅で、海の中でも生物がほとんど死に絶えたからだ。海は、どす黒い色をした海だ。酸素濃度が低いために、海底から湧き上がる硫化水素が酸化されないため、海底に硫化水素が溜まってどす黒い色に見えるのだ。海面から20ｍも潜れば、酸素がまったくない世界で、硫化鉄のために真っ黒になっている。

海面から20ｍ下には、硫化水素やメタンなどをつくる古細菌(＊21)の世界が広がっている。そこはほとんど酸素のない世界で、その上に、ペラペラの酸素のある表層部分が覆(おお)っているにすぎない。

1日に何回か、硫化水素の塊(かたまり)が湧き上がってくるために、あたり一面に卵の腐った匂いが立ち込める。まれに硫化水素が大規模に湧き上がってくることがあり、中毒を起こすため、動物に大きな災難をもたらす。この時、海岸から数キロメートルにわたって、動物がなぎ倒されてしまう。

前回の大規模な硫化水素の噴出の時には、海岸を群れで移動中だった獣弓類(＊3)・プラケリアス(＊22)の群れが巻き込まれた。砂浜には彼らの多数の骨が散乱している。内陸の方を見ても、大型の動物はぱらぱらとしかいない。その3千万年前（現代から約2億5千万年前）に起こった大絶滅（ＰＴ境界(＊11)）の際に生態系が受けた大打撃から、まだ回復していないのだ。なにしろ酸素濃度が30％から10％程度に低下したのだ。大部分の動物はほとんどが生きてゆけず、死に絶えたのがうなずける。

特に最初の数百万年で、生物種の95％以上が絶滅したのだからすさまじい。生物種で95％だから、生物個体数だと99％以上が死に絶え、生物量（バイオマス）だとほぼ１００％がなくなったと思う。

約5億4千万年前に始まる古生代から現代まで、大きく5回の大絶滅が起こっているが、ＰＴ境界ほどひどい大絶滅は前にも後にもない。大絶滅は生物にとっては大きな災難であるに違いないが、生物の進化においては大きな変革のチャンスである。多くの革新的なボディプランが現れたからだ。これをアメリカの古生物学者ピーター・ウォードは「三畳紀爆発」と呼んだ(＊17)。

ＰＴ境界は、獣脚類と鳥の革新的なボディプランを生み出し、その後の地球の生態系を決定した。現在、空を飛んでいる鳥の基本的なボディプランは、この時にできあがった。

多くの動物を地球上から絶滅させる原因となった、三畳紀の大気の特徴を紹介しよう。この大気が、革新的なボディプランの方向性を決定した。具体的には、次の2つの特徴を持つ。

①酸素濃度が10%しかない（現在の半分）。

②炭酸ガス（二酸化炭素）の濃度が0・2%以上もある（現在の5倍以上）。

このような環境では、ヒトなどの哺乳類はどのような状況に陥るか、容易に想像できる。

1. 現代の標高6000m地点と同じ濃度の酸素しかない。多くの日本人が高度障害になる富士山の8合目（3400m程度）よりもはるかに酸素濃度が低いのだ。息苦しくて数十メートル歩くことさえ大変な重労働だ。じつは哺乳類は、酸素濃度が30%を超えていたPT境界以前（ペルム紀）に進化したため、低酸素にはまったく適応していない。現在の哺乳類のほとんどは生きていけない。三畳紀に存在した哺乳類（獣弓類）は、重いハンディキャップを生まれつき背負ったような状態だ。

2. 二酸化炭素による温室効果のため、昼には気温は40℃を超え、夜でも30℃程度はある。湿度は低く、世界中が乾燥していた。一年中気候はほとんど変化がない。ざっとこのような気候だっただろう。熱中症になってしまうため、昼は大変にゆっくりとしか運動できず、少しの動作でも熱中症の危険が伴った。夜であればわずかに活動が可能なため、哺乳類はこの時期に、必要に迫られて、夜行性を身につけたはずだ。哺乳類の先祖にあたる獣弓類は、ペルム紀末期に内温性(*23)を獲得していたため、熱中症は彼らにとって命に関わる問題となる。

3. 三畳紀に内温性を獲得することは、何重もの意味で負債を被(こうむ)ることになる。うち1つは、体内で熱を産生するため、熱中症になる危険性が増すこと。もう1つは、獣弓類は効率の悪い肺しか持っていないのに、内温性を獲得していたために、大量の酸素が必要になること。獣弓類は三畳紀を生き残って子孫を残したことが奇跡と思えるくらい、三畳紀に適応していない。よく細々とでも子孫をジュラ紀に伝えられたものだ、と感心する。もし彼らがいくらかでも生き残らなければ、新生代に哺乳類は存在しなかった。

（2）三畳紀の世界

もしヒトであるあなたがタイムカプセルで、このような三畳紀に突然移動したとしたら、どうなるか？　もう一度、三畳紀の世界に戻ってみよう。

真っ先に感じるのは、すさまじい息苦しさだ。息をするだけでつらい。息苦しさを我慢して、ゆっくりと歩き始めると、酷暑のためにすぐに熱中症になり、頭がくらくらする。特にヒトは被害が大きい。なにしろ最も酸素を必要とする脳が、最も高いところにあるのだ。正常に脳を働かせることなど、ほとんど不可能だ。

息苦しくて木陰にたたずんでいると、まず現れたのは、ゆっくりと移動している、獣弓類（＊3）の仲間のプラケリアス（＊22）の群れだ。3m程度のまん丸い体形の動物で、大絶滅の前には全世界に数多く生存していた、現在の哺乳類に近い獣弓類である。

獣弓類は、PT境界で大きな被害を受けたが、ある程度立ち直り、ある程度の個体数を保っている。プラケリアスは内温性（＊23）の動物である。少し動いただけで、すぐに熱中症になるため、持続的な運動は不可能である。横隔膜（おうかくまく）を持っていなかったから、現在の哺乳類よりも低い酸素の吸収能力しかない。

プラケリアスにとっては、三畳紀はさぞかし生きにくい環境だっただろう。集団でゆっくりと移動しながら、地上に生える小さな草（シダやコケ植物）を食べている。ただ、見るからに息苦しいようで、歩くのがゆっくりでしかない、動作は非常に鈍い。

あなたは酷暑のために水を飲みたいと思い、木陰から数十メートル離れたところにある池に行こうとするが、プラケリアスの群れが水を飲んでいて、この水場を占有している。このためあなたは池には近づけない。次の瞬間、水の中から一匹の大型のワニのような動物（ルティオドン（＊24））が突然現れ、水を飲むことに夢中になっていたプラケリアスの頭に噛（か）みついた。ルティオドンは全長6ｍくらいで、現在のワニとほとんど同じような生態学的な位置を占めている。

プラケリアスが水中に引っ張り込まれると、他の7匹のルティオドンが水の中から現れた。このプラケリアスを8匹のルティオドンが取り合いになり、哀れなプラケリアスは一瞬で体がばらばらになってしまった。

ルティオドンの姿はワニに似ているが、ワニの直接の先祖ではない。遠縁にあたる動物で外温性（＊25）である。一日中水の中にいるため、熱中症にはなりにくい。肺はまだ原始的ではあるが、内温性ではないため、大量の酸素を必要としない。内温性のため常に大量の酸素を必要とするプラケリアスよりは、はるかに低酸素の環境に適応していた。

　あなたは水場でのこの恐ろしい殺傷劇を見たために、水場に近づくことができない。木陰でじっとしたまま、頭痛と吐き気に耐えながら、数時間が経過した。脳の酸素不足のため、激しい頭痛と吐き気の中で、どんどん意識が霞んでゆく。

　すると20頭程度の小型の動物の群れが、こちらに近づいてくるのが見えた。初期獣脚類であるコエロフィシスの群れだ。コエロフィシスは、白亜紀末期に出現するティラノサウルス(＊20)などの後期獣脚類の先祖にあたる動物である。後期獣脚類とは異なり、体のつくりがかなり華奢で、むしろガリガリの体に近い。

　コエロフィシス（36～37頁、およびカバー表紙に復元画）は、体長が２ｍから３ｍほどの獣脚類で、体高は50㎝程度。一見すると小さくて弱々しい。首や前足・後足がともに細長く、尾はしなやかで細い。彼らの体型は、生まれながらのマラソン選手のようだ。大腿骨（太もの骨）が背骨の真下に位置しているため、骨盤を高く持ち上げて、軽快に走行しているように見える。大腿骨と比べて、脛腓骨（すねの骨）の長さが長いことから、彼らが相当な速度で走るスプリンターであることがわかる。

驚異的なのは、コエロフィシスがこのような持続的な運動能力を、酸素濃度が10％の環境でも発揮可能であった点だ。アネハヅルがエベレストの上空を越えるのを初めて見た登攀隊員の驚きを、あなたもあなた自身と比較して実体験することになる。

コエロフィシスは、他の動物とは異次元の運動能力を持っている。時速30㎞程度のスピードで集団で移動し、運動を持続できる。しかも、すべての個体がまったく息をきらしていない。酸素濃度が半分しかないのに、なぜこのような運動ができるのだろう。

じつは、**低酸素での卓越した運動能力こそが、獣脚類を生態系の覇者にした直接の要因**であり、本書の主題でもある。

コエロフィシスの群れは時速30㎞で走行し、たまに見晴らしがよく、風通しのいい場所で全員が体を伸ばして、鼻を空に向けて突き上げて周囲の臭いを嗅ぐ。この動作を1日に数十回繰り返しつつ、1日何十キロあるいは何百キロも移動しているのだ。

彼らの嗅覚は素晴らしく、数キロメートル先からあなたの匂いを嗅ぎつけてきた。あなたは彼らの獲物と認識されたのだ。コエロフィシスは体が小さく華奢であるため、もしあなたが元気であれば、手出しをしなかっただろう。しかしあなたは、相当に弱った、容易に殺せる大きな獲物だと認識されたようだ。

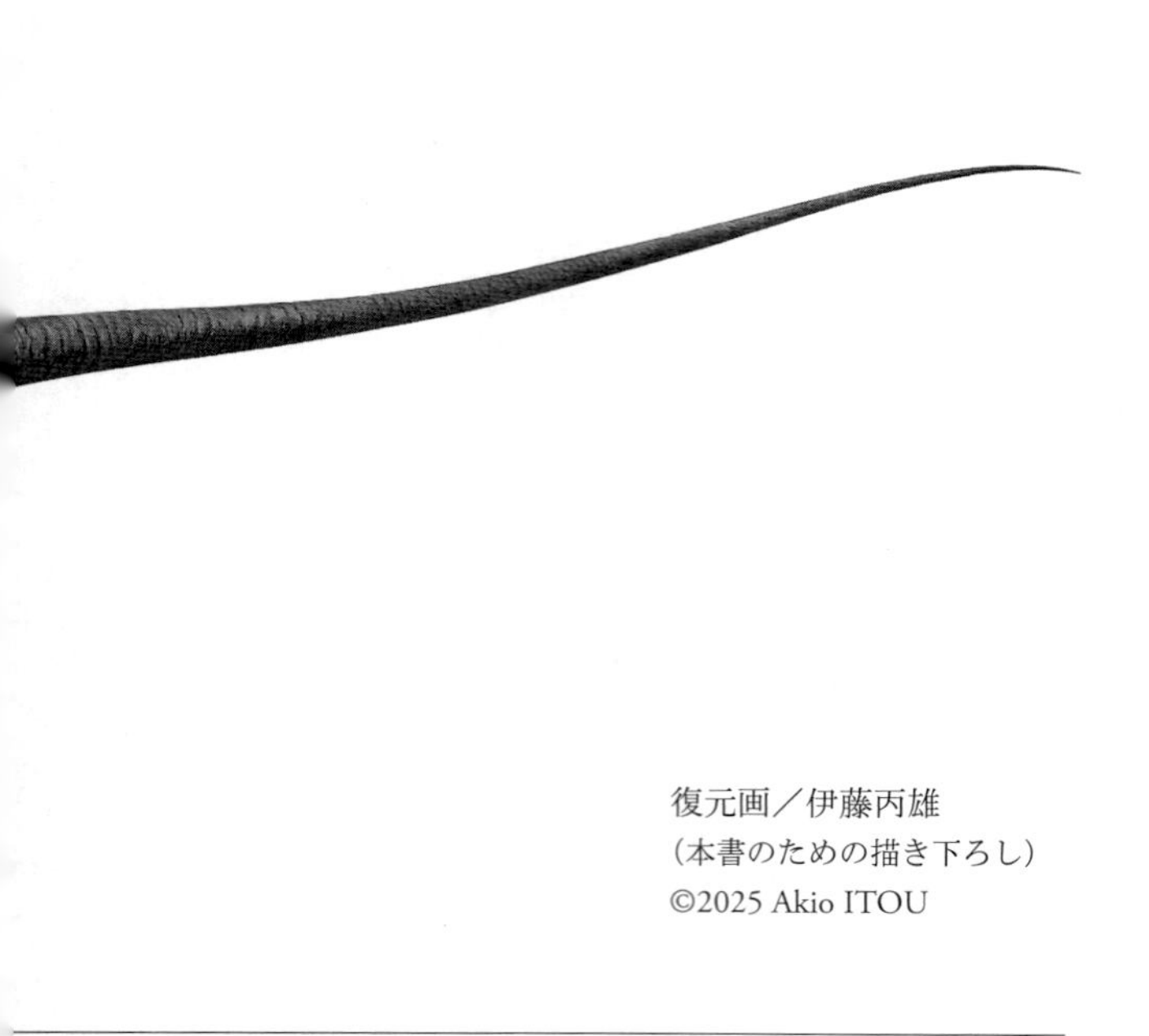

復元画／伊藤丙雄
（本書のための描き下ろし）

腱で結ばれていない」ために、高速走行すると背骨が左右に振動する可能性があった。持続的な高速走行を可能にするために、コエロフィシスは重心を下げて、背骨を水平に安定させる仕掛けを持っていたかもしれない。
たとえば、前肢の後ろ側に大きな羽根がついていて、揚力と反対向きの力が働くようにして体全体の重心を下に移動させていたのではないか。この風切り羽根は、背骨を水平化するためのスポイラーとして働いていた可能性がある。飛行機がスポイラーを主翼の上に立てることで、失速せずに高度を下げるのと同じメカニズムだ。また頭の上にはトサカのような羽毛があり、飛行機の垂直尾翼と同じような役割を持ち、高速走行する時に左右に振動しないための機構として働いていたかもしれない。

コエロフィシスのニュービジュアル

現在の鳥とほぼ変わらないほどの運動能力を持っていたコエロフィシスは、三畳紀の生態系を制覇した。この卓越した運動能力を可能にした要因は、1つは現在の鳥と同じスーパーミトコンドリアを持っていたことで、もう1つは背骨を水平にして骨盤の上に持ち上げたことである。

また、コエロフィシスはインスリンに対して感受性を失っていたために、皮下脂肪はほとんどなかったから、筋肉の筋がひとつひとつ明瞭に見えたと思う。首、腹、前肢、後肢、および尾は、これまで考えられていたよりもはるかにスリムだっただろう。

コエロフィシスなどの初期獣脚類は、1億5千万年後に出現したドロマエオサウルスなどの後期獣脚類と比較して、「①骨盤の腸骨が腰椎・仙椎の2つか3つしか噛んでいない、②背骨どうしが強力な実際のコエロフィシスを間近で見ると、今まで書籍や映画から想像していた姿とはまったく異なることをあなたは実感する。

コエロフィシスの頭骨は、横の幅は極端に狭いのに、眼窩から鼻先までの鼻腔の収まる部分が極端に長い。この部分には、骨格を軽量化するために前眼窩窓と呼ばれる穴のような構造があるが、この穴には薄い膜が張られ、そこに微小血管が網状に密集している。興奮すると血液が流れ込んで、そこが真っ赤に染まり、そこから盛んに湯気が立ち上る。

この、横に狭く、前後に極端に長いという鼻の特徴は、嗅覚のすぐれた現在のイヌ属と同じ特徴だ。そこは、化石に残らないような軟骨によって、多くの開いた空間に分けられていて、そこに多くの嗅覚神経が分布していた。これらのことは、彼らの嗅覚神経の分布していた副鼻腔と、頭蓋骨の嗅球の収まっている場所の広さを見れば、容易に想像できる。このすぐれた嗅覚は、獣脚類が持っている共通した特徴といってもよい。

あっという間にあなたの周囲を、コエロフィシスが取り囲み、三方向から近づいてくる。赤い羽毛が、こめかみから頭、そして首にかけて生えていて、装飾物のように見える。興奮するとこの羽毛がぴんと立ち上がり、自分の体を大きく見せている。彼らは頭を下げて、両手を横に開いて、3本の大きな爪と1本の小さな爪を立てる。臨戦態勢に入ったのだ。

彼らは鋭いナイフのような歯を見せつけるように、口を大きく開けて唸り声を上げた。眉間から頭のてっぺんについている、あざやかなレッドの羽毛をぴんと立てて、あなたを威嚇してくる。首にあるウロコのひとつひとつにある突起物は、ジュラ紀後期以降には羽毛になる組織だが、三畳紀にはまだ羽毛になっていない。薄い皮膚で覆われていて、その直下に毛細血管が密集していて、興奮するとこれらが立って、赤く染まるため、不気味な姿になる。これは彼らにとっては放熱のための装置だが、あなたにとってはまさしく死に神に見えるかもしれない。

あなたは恐怖のため立ち上がり、戦闘態勢を取る。コエロフィシスはヒトよりもはるかに体が小さいので、最初はおそるおそるジリジリと間合いを詰める。彼らの顎を動かす筋肉はペラペラで、骨がすぐ下にあるのがわかる。噛む力はとても貧弱なのだ。薄い歯が数多く並んでいるが、ナイフのような切れ味だ。ただ、横方向の加重で容易に折れるだろう。

一匹が飛び上がってあなたに攻撃をしかける。突然、あなたの右足の太ももに噛みついた。筋肉がスパッと切れて激痛が走り、血が飛び散る。

あなたはとっさに、この動物を左の足で蹴り上げた。右足に激痛を感じたが、あまり深くは刺さっていない。数本の歯が折れて、右の太ももに食い込んだままになった。コエロフィシスは2、3m吹っ飛んだが、抵抗はこれが最後だ。この反撃のため、あなたの体は右側によろめいた。

この瞬間、他の数頭のコエロフィシスが一斉にあなたに飛びつき、無残にもあなたは地面に倒された。この後、さらに多くの集団があなたを襲い、腕、腹と背中に、鋭い歯が食い込む。大量に出血し、意識が薄れてゆく。

あなたの意識が残っている間に、腹筋と腹膜が食いちぎられ、肝臓は外側に露出し、そこに多くのコエロフィシスが食いついた……。

(3) コエロフィシスの真の姿

筆者は、多くの書籍やインターネットでオープンになっている初期獣脚類の復元図には、満足していない。多くの図鑑に載っている三畳紀の初期獣脚類の姿は、ジュラ紀後期、あるいは白亜紀末期に出現する後期獣脚類(例:アロサウルス(*19)やティラノサウルス(*20))から類推されたものだ。

筆者は、三畳紀の獣脚類(初期獣脚類)のビジュアルのイメージを、大幅に変更する必要があると考える。これは本書の目的の1つだ。なぜなら、地球環境がまったく異なっているからだ。

環境の変化は、獣脚類の姿に大きな変革を与える。三畳紀からジュラ紀初期には10%程度にすぎなかった酸素濃度は、中期頃から増加し始め、後期にはほぼ現在の濃度（20%）と同じレベルまで増加した（13頁・図1）(＊13)。酸素濃度の増加は、緑色植物の光合成によるものだ。同時に、二酸化炭素の濃度の低下が起こった。これにより温室効果が緩和され、地球表面の温度は徐々に低下した。とはいえ、中生代全般を通じて、二酸化炭素は現在よりも数倍程度、高濃度を維持しているので、現在の気候よりもはるかに温暖であった。

しかしながら、ジュラ紀後期以降は、昼の温度は40℃程度まで上昇したが、夜には10℃程度まで低下するようになった。これは、現在のアリゾナの砂漠と同じような気候である。このような気候になると、内温性の動物は大きな利益を享受できた。外温性の動物の体温が上昇する前に、活動を始めることができ、容易に捕獲することができるからだ。ジュラ紀後期以降、獣脚類が内温性に移行した理由は十分にあった。たとえば、羽毛に覆われた始祖鳥(アーケオプテリクス)(＊14)が現れたのは、この時期だ。この時、始祖鳥だけでなく、多くの小型獣脚類は、保温のためにウロコを羽毛に変化させて、内温性に移行した。

初期獣脚類は、現在の鳥と同じように、スーパーミトコンドリアで細胞が満たされていた（表2）。皮下脂肪はほとんどなく、体重は、現在多くの図鑑で推察しているレベルよりもはるかに少なかった。最も原始的な獣脚類といわれるコエロフィシス（約2億2千万年前：三畳紀後期）と、鳥の先祖に最も近いといわれる後期獣脚類・ドロマエオサウルス（＊15）（約8千万年前：白亜紀後期）を例にして、そのビジュアルの細部を検討してみよう。

初期獣脚類はどのようなビジュアルだったのか？

これを再検証するための生理学の指標は、「スーパーミトコンドリア」と「内温性」の2つである。三畳紀の初期獣脚類は、スーパーミトコンドリアを持ちながら、まだ内温性を獲得していなかった。ピーター・ウォードによれば、内温性は、ジュラ紀後期以降の冷涼な気候に適応するために起こったという（＊17）。ジュラ紀前期までは二酸化炭素濃度が高く、酸素濃度は低かったから、温室効果ガスである二酸化炭素のために、三畳紀と同じような気候が続いた。

ジュラ紀後期から、酸素濃度が増加し、二酸化炭素濃度は低下した。温室効果ガスである二酸化炭素の濃度が減少したために、ジュラ紀後期から白亜紀までは、気候は冷涼な方向に動き、現在と同じように春夏秋冬が誕生した。

動物	スーパーミトコンドリア [*5]	内温性 [*23]
獣弓類 [*3]（プラケリアス [*22]）	×	○
主竜類 [*26]（ルティオドン [*24]）	×	×
初期獣脚類（コエロフィシス [*2]）	○	×
後期獣脚類（ドロマエオサウルス [*15]）	○	○
鳥（カラスなど）	○	○

表2　脊椎動物のミトコンドリアと内温性

鳥類はスーパーミトコンドリアを持ち、内温性である。これは多くの論文が報告するところである[*6]。哺乳類（獣弓類）はスーパーミトコンドリアを持たないが、内温性である。また後期獣脚類の少なくとも一部は内温性[*23]であったことの証拠はある。しかし初期獣脚類は外温性だったはずだ[*17]。また初期獣脚類と後期獣脚類が、鳥と同じスーパーミトコンドリアを持っていた[*4]ことは、本書の最も重要な論点で、第７章〜第８章で詳述したい。

初期獣脚類や鳥が、酸素濃度が低くても卓越した運動能力を発揮できた（できる）直接の要因は、最大限に活性化されたミトコンドリアにある。繰り返しになるが、「スーパーミトコンドリア」を有していたからだ。獣脚類のミトコンドリアは、酸素濃度が低くても、高い酸素消費を維持でき、最大限の運動能力を発揮できた（＊6）。

このようなミトコンドリアは、現在の鳥と同じだ。鳥が酸素濃度7％以下のヒマラヤ山脈を越えて飛行できるのと同じスーパーミトコンドリアを、獣脚類が持っていたからだ。

この三畳紀の初期獣脚類は、活性化されたミトコンドリアで全身の組織が満たされているため、皮下脂肪や内臓脂肪はまったくなかった。体形は見るからにスレンダーというよりもガリガリで、多くの筋肉の筋が、体の外側からはっきりと見えた。コエロフィシスの体重は30kgほどだと推察されているが、実際はそれよりはるかに軽く、その半分程度だったのではないか。

こう考えるのには、2つの根拠がある。1つは、獣脚類の主な骨格は高度に中空化されていたからだ。もし気嚢システムを完成させていたとすれば、さらに大きな中空になっている。

初期獣脚類が、予想の半分程度の体重しかないと考えるもう1つの理由は、インスリン（＊27）に対する感受性を失っているからだ（＊4）。

インスリンの最も基本的な作用は、血液中の糖質を細胞内に取り込んで、脂肪に変化させて保存することにある。獣脚類はインスリンの影響を受けないため、中性脂肪がまったく蓄積しないことになる。獣脚類の体はガリガリだ。皮下脂肪や内臓脂肪がほとんどないためだ。

またインスリンは、ミトコンドリアを阻害する方向に働く(＊28)が、獣脚類においてこの作用がないということは、ミトコンドリアが常に活性化した状態にあるということだ(＊9)。初期獣脚類の皮下脂肪や、脳、骨格筋などの組織においては、ミトコンドリアが活性化されていた。スーパーミトコンドリアは皮下や血中の中性脂肪をすみやかにことごとく分解してしまう。このため、皮下脂肪はまったく存在せず、筋肉の筋のほとんどが、外見からくっきりと見えたはずだ。

また、後期獣脚類のような大きくて強い筋肉を、初期獣脚類も持っていたとは考えられない。持っていたのは薄くてしなやかな筋肉だろう。脂肪はすぐに分解され、ほとんど蓄積しなかったから、筋肉の繊維の一本一本がはっきりと見えるような、薄い筋肉が全身を覆っていた。

つまり、外観については、後期獣脚類は短距離走の選手のようであり、初期獣脚類はマラソンの選手のような体型であったと理解すればよい。三畳紀の酷暑の環境では、発生した体熱をすぐに逃がすことが必要で、少しでも脂肪をためれば、それだけ熱中症の危険が増加する。脂肪を効率よく処理するミトコンドリアを全身の細胞が保有することになる。コエロフィシスのスレンダーな体型は、三畳紀のすさまじい環境の中で、最大限の持久力を発揮するための、理想的な体型だ。

ジュラ紀になって酸素濃度が増加すれば、獣脚類には酸素代謝に大きな余力が生じる。この大きな余力をもって、獣脚類は3つの方向に進化した。

1つは、身体を大型化して瞬発力を増加させるという方向（例：ティラノサウルス（＊20））、もう1つは、小型のまま卓越した運動能力を身につけるという方向（例：ドロマエオサウルス（＊15））、そして最後は、飛行能力（例：アーケオプテリクス（＊14））である。

このような余力が生み出されたのは、酸素濃度が増加したジュラ紀後期以降の話である。飛行能力を身につけるには、さらに骨格を軽量化する必要があり、また、さらに強度の強い運動に耐える必要があったろう。このため、気嚢システム（＊7）などを大幅に強化した可能性はある。しかし基本的な代謝システムは、三畳紀前半に完了していたに違いない。

（4）コエロフィシスの外温性

内温性である利点は、外温性の動物が動き始める前に運動をすぐに始めることができることだと述べたが、三畳紀の環境では、この利点が生かせない。それどころか、大きな負債となる。これは先ほど見た、獣弓類のプラケリアス（＊22）が、少し運動をするとすぐに熱中症になるのを見ればわかる。

三畳紀は、二酸化炭素の濃度が現在の5倍以上もあるため、夜でも温度はあまり下がらなかった。このため、初期獣脚類が外温性であっても、ある程度の大きさがあるのでほとんど体温は下がらず、夜でも十分に活動できただろう。

また、内温性は常に高い酸素消費を必要とするため、低酸素ではかえって運動性能を発揮できない。三畳紀の初期獣脚類の骨格からわかる明確な特徴は、高い運動性能を持つということである。内温性を持つことのために、この最大の利点を台無しにするはずがない。

逆に、もし初期獣脚類が内温性だったとしたら、化石から類推されるような高速スプリンターのような骨格であるはずがないし、そもそも熱中症になる危険性が大きすぎて、持続的に高速走行などできるはずがない。彼らは内温性を持っていないために、熱中症にならずに、数時間以上、時速30㎞から40㎞で持続的に走行できたはずだ。

三畳紀は酷暑であるから、内温性の利点はまったくない。むしろハンディキャップとなる。気温が体温より高いのに、なぜ内温性になる必要があるだろう。「体温を一定に保つ」という課題は、ほとんど重要性を持たなかった。

むしろ「体内の熱をどのように逃がすのか」が重要な課題であった。初期獣脚類については、「内温性」よりも「放熱」という観点から彼らの骨格を見る方が、はるかに真実に近づけると思う。

たとえば、三畳紀の獣脚類に共通した特徴として、顔の横幅は極端に狭いのに、前後に長い構造になっているということがある。これは、彼らが大きな鼻腔を持っていたためだが、この鼻腔は外部とつながる管のようになっていて、粘膜に多数の毛細血管が分布し、これを通じて熱を放散していた。また、ここに嗅覚神経を分布させて、極めて広い範囲の嗅覚を可能にしていた。

内温性ではないコエロフィシスは、直接触れれば、すこしひんやりする皮膚で、現在のトカゲなどのウロコとそっくりだっただろう。ただし、彼らの体温が低いわけではなく、深部

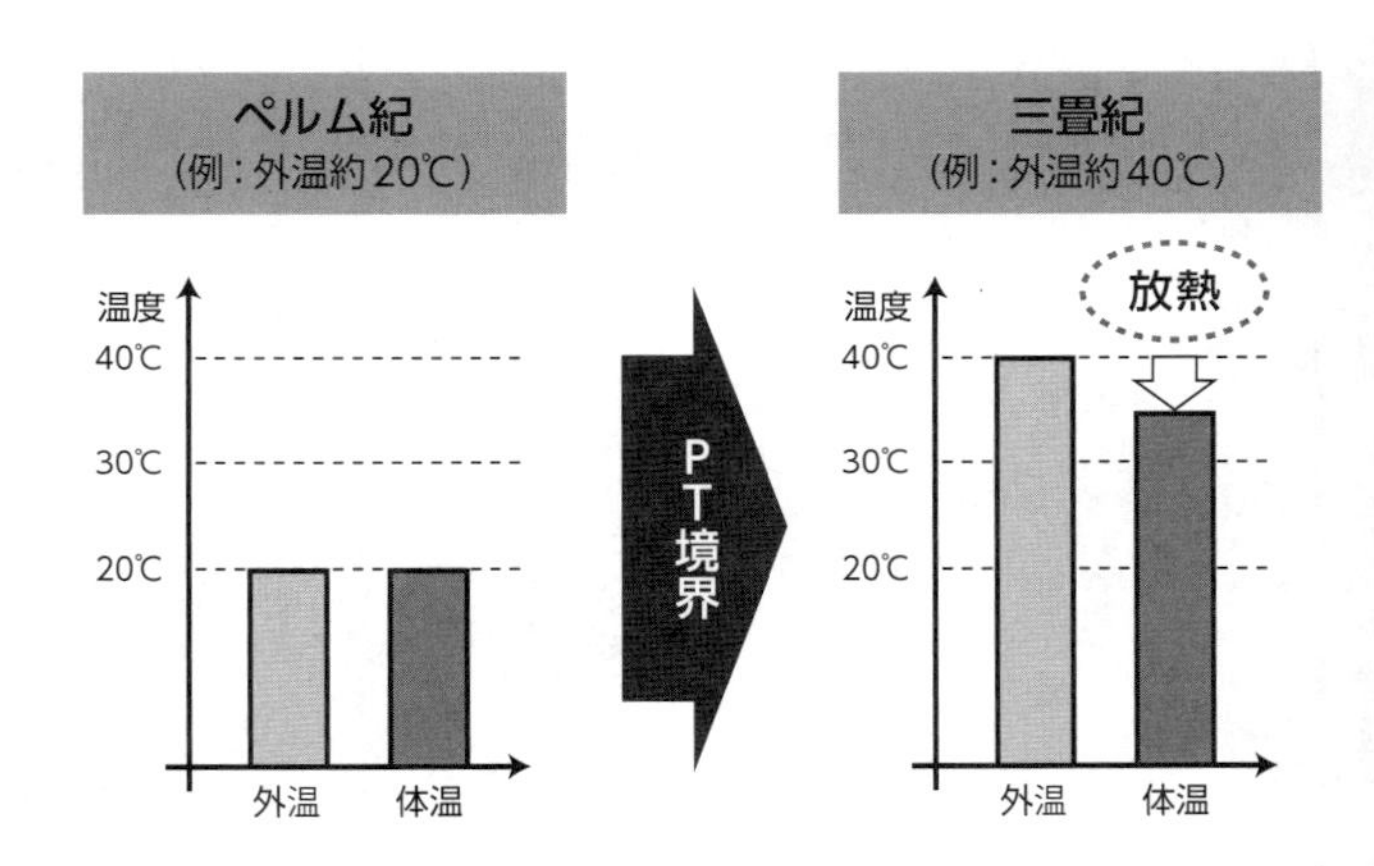

図2　ペルム紀と三畳紀の体温（双弓類、初期獣脚類）

ペルム紀：ペルム紀は高酸素（約30%）の環境であったが、二酸化炭素の濃度は現在とほぼ同じレベルだとされる。春夏秋冬の四季があり、現在と同じような気候だった。獣脚類が存在しておらず、原始的な双弓類として存在していた。現在のトカゲと姿はまったく同じであり、外温性の小さな動物にすぎなかった。外温を20℃とすると、彼らはそれ以上の体温を獲得する手段を持っていなかった。

三畳紀：ＰＴ境界を経て三畳紀になると、低酸素（約10%）で酷暑の世界になる。最高気温は40℃以上であり、最低気温は30℃以下にはならない。初期獣脚類は内温性を持っておらず、むしろ放熱することが主な課題であった。彼らの革新的なところは、持続的に高速走行しながら放熱するシステムを、全身に装着したことだろう。

においては十分な温かさ（40℃を少し下回る程度）を有していた。酷暑の三畳紀において、獣脚類は羽毛を持っていたかもしれないが、それは体温を維持するためではない。メスへの性的なアピールか、敵への威嚇として役立ったのだろう。繰り返すが、彼らの重大な課題は、体温を維持することではなく、熱を効率的に放出するシステムの必要性だった。

彼らの皮膚には放熱のため、ウロコごとに突起物があり、そこに小血管が多数分布していた。これは熱を逃がすシステムであったが、後に二酸化炭素の濃度が低下して地球が寒冷化すると、体温を維持するための羽毛として使われた。また彼らの鼻が前後に極端に長いのは、先に述べたように、そこから効率的に体温を逃がすための装置だったのだ（前頁・図2）。

（5）コエロフィシスの頭骨

初期獣脚類と後期獣脚類とを比較すると、一見して次のような特徴に気がつく（図3）。

①頭骨がスカスカである。
②首が細くて長い。

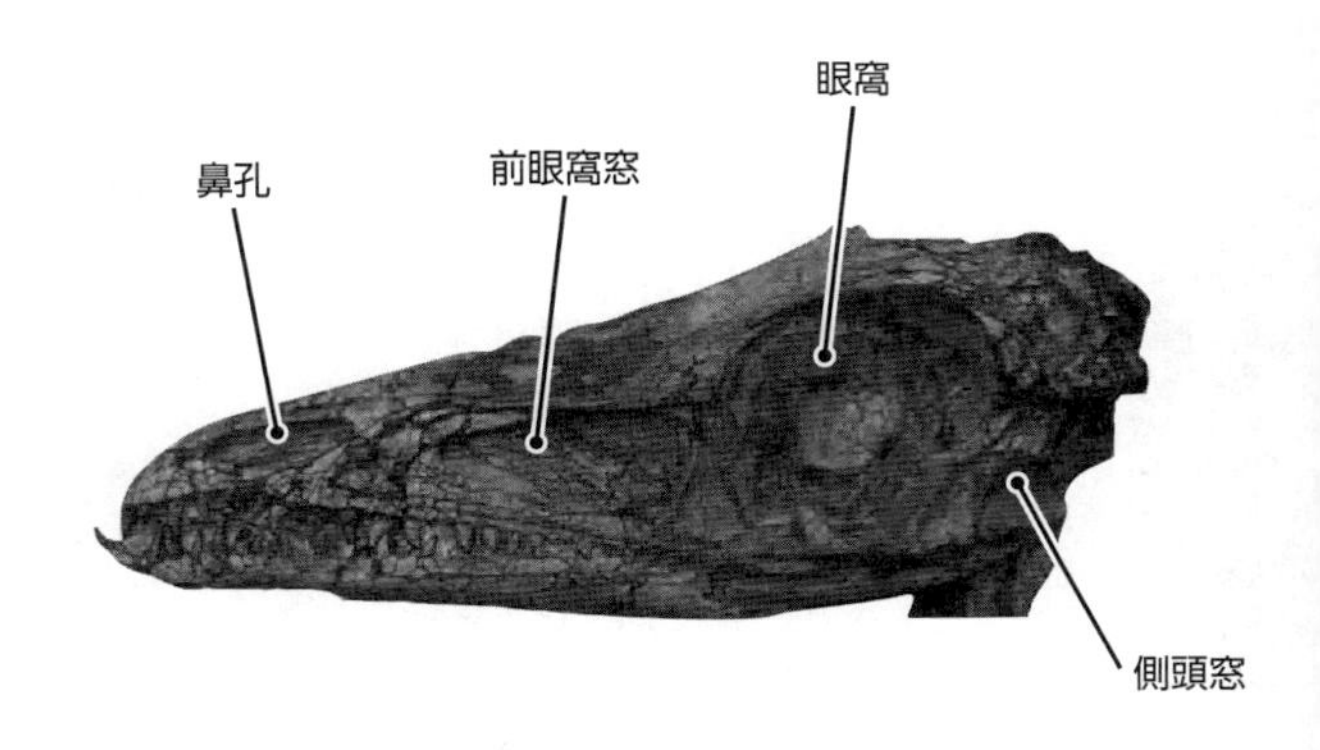

図3 初期獣脚類の頭骨（＊29）

初期獣脚類の頭骨には、放熱のために大きな鼻腔、前眼窩窓、側頭窓がある。このため大きさの割には軽量化されている。頭骨がスカスカの構造であるのは、脳を熱中症から守るために、高度の放熱機能を持たせたためであろう。また噛む力を生み出す筋肉が極めて貧弱であるため、最小限の噛む力しかなかった。骨を噛み砕くことはほとんどできないし、大きな筋肉を噛み切るのも難しかった。小さな動物を捕まえて、丸呑みする程度の噛む力しかなかった。歯の構造も極めて貧弱で、横方向の力で容易に折れるほどペラペラであった。大きな獲物にはめったに手を出さないだろうが、死が近い動物は例外的に攻撃することはありえた。

この2点はどちらも、骨を軽量化するためと説明されてきた。

もちろんそれはありうるが、それだけではない。ここまで述べてきたように、初期獣脚類が内温性ではなかったことと深く関係がある。三畳紀はとても暑く、放熱が最も重要な課題だった。

獣脚類は頭骨を軽量化するため、多くの穴をつくっている。特に注目する必要があるのは、前眼窩窓だ。これは鼻腔の外側にあたる。この場所は、初期獣脚類にとっては大変に重要な意味があった。それは、彼らが持続的に運動していることと関係があった。

体に熱をためることは、熱中症の危険を増加させる。運動によって発生した体熱を外側に逃がすことが重要だ。熱中症によるダメージが特に大きい組織といえば、脳である。脳にある神経細胞は、一度変性すると元には戻らないから、ここに熱がたまらないようにすることが望ましい。

ところが脳は、頭蓋骨という閉鎖空間に覆われているため、ここから直接、放熱はできない。できるだけ脳に近いところから、体熱を積極的に放出するシステムが必要だった。

そのためにあるのが、前眼窩窓だ。ここには大きな頭骨の穴があり、これに薄い膜を張って、そこに毛細血管を縦横に張り巡らせれば、体熱を逃がすことが可能だ。

　後期獣脚類は内温性に移行しているため、この膜はかなり厚い筋肉の膜となっていたはずだ。これに対して初期獣脚類では、本当にペラペラの薄い膜で、ここに毛細血管が縦横に存在して、体熱を逃がすシステムとして機能していた。

　彼らが興奮した時は、この前眼窩窓に血液が流れてきて赤く染まった。これは外敵や恋敵への有効な威嚇となった。前眼窩窓が大変に薄い膜で覆われていたとすれば、彼らの顔のイメージは大きく変わる。

　また首は、脳内に血液を供給する頸動脈（けいどうみゃく）の通過点である。この血管を流れる血液の温度が上がってしまうことは、絶対に阻止する必要がある。このため、彼らの頸骨（けいこつ）に分布する前気嚢（＊7）は、この頸動脈を冷やすためのラジエーターとして機能して、脳内の温度を下げる。同じように、脳内から心臓に戻る頸静脈も、この前気嚢で冷やされて、心臓に戻る機能があった。

　彼らはこのようなシステムを併用して、脳を熱中症から守っていたのではないか。だからこそ、三畳紀の獣脚類は、首が異常に細くて長かったのではないか。

（6）低酸素がつくった獣脚類

獣脚類のビジュアルの中で最も印象的なのは、完璧な直立二足歩行である。このような特徴的な行動と構造は、低酸素への適応のためであるのは疑問の余地がないと思う。

背骨を大腿骨の真上に水平に持ち上げているのが特徴で、このための結合部が、特徴的な構造をした骨盤である。この骨盤の構造こそが、恐竜の恐竜たる所以（ゆえん）であるといってよい。骨盤の構造が、正しく低酸素への適応のために起こったのなら、低酸素が獣脚類をつくったといってよいと思う。

実際に恐竜の分類は、骨盤の構造で行われているのである（図4）。

化石を中心とした古生物学によると、直立二足歩行の過程は、数十年前にかなり明らかになりつつある。トカゲのように歩いていた双弓類（そうきゅうるい）が、直立二足歩行にいたる中間形質（＊16）を持つかなりの数の化石が、最近発見された。直立二足歩行にいたる骨格の変化の過程は、かなり明らかになりつつあるのだ。

常識では、「恐竜は直立二足歩行で始まった」と見るのが一般的である。この意見は、恐

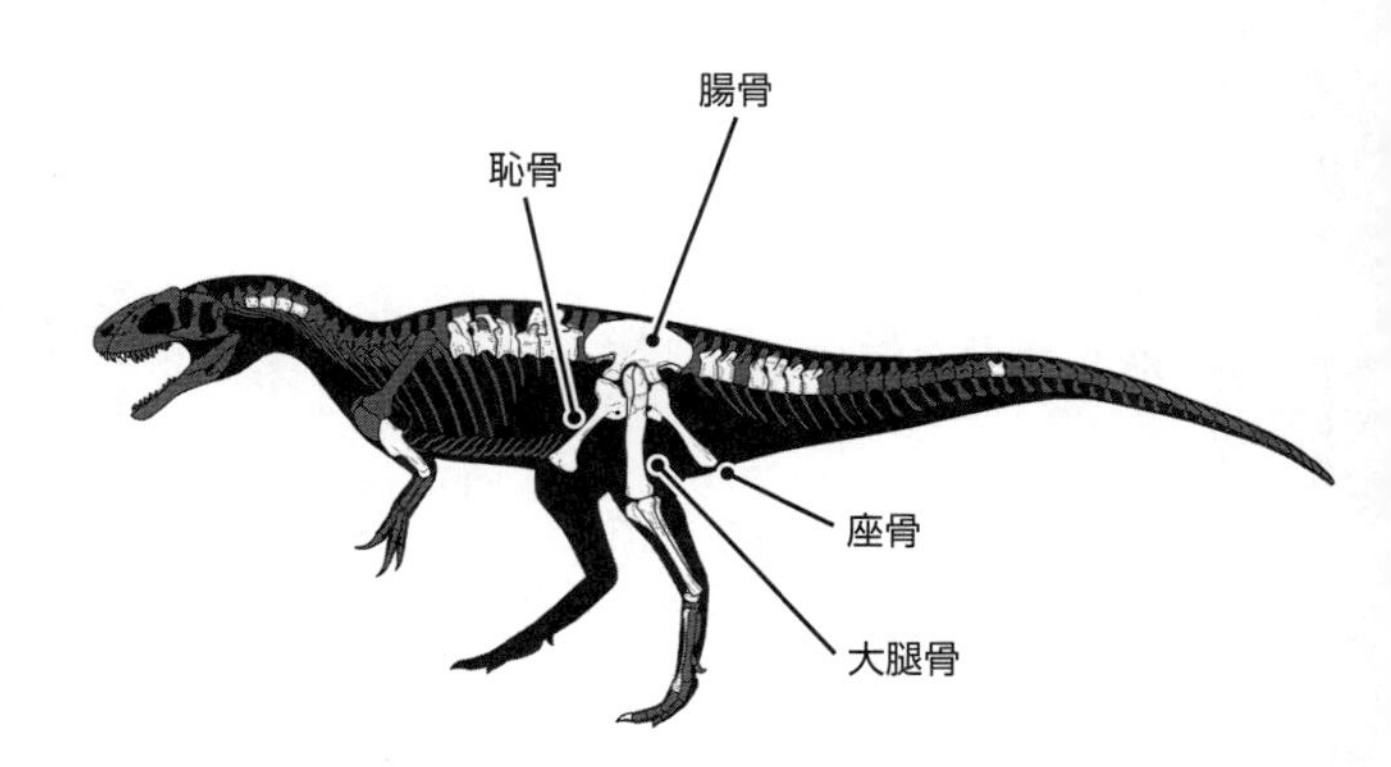

図4 低酸素がつくった獣脚類の骨盤

骨盤は3つの大きな骨（恥骨、座骨、および腸骨）の結合物である。腸骨が2個から5個の背骨を噛むことによって、背骨全体を水平方向に安定化させる。腸骨、恥骨、および座骨の結合部にソケットがあり、ここに大腿骨頭がはまるために、大腿骨は背骨を真上に持ち上げることができる。このような独特な骨盤の構造のため、獣脚類は直立二足方向が可能になった。

竜の最大の特徴が骨盤の構造にあることに基づいている。大腿骨が背骨の真下に向かっている構造は、獣脚類が創造したものである。この構造を基本にして、約2億3千万年前の初期獣脚類（例：ヘレラサウルス（＊30））をもって最初の恐竜とするとしている。

PT境界の前後で、ビジュアルで最も大きな変化があったとすれば、獣脚類が直立二足歩行を完成したことだ。直立二足歩行の条件は以下の2つである。

①背骨の真下に大腿骨が出ている。
②二本足で歩行する。

じつは、獣脚類が直立二足歩行を発達させた本当の理由は、低酸素への適応にある。恐竜の仲間の共通点は、骨盤の構造だ。骨盤に対して、大腿骨が直下に出ているという点だ。この骨盤の構造の変化は、大変短い時間で起こったことが、化石の上でもわかっている。

PT境界直後の約2千万年の間に起こったのだ。

PT境界の直後、三畳紀に酸素濃度が急激に低下した時、より多くの酸素を取り込む必要から、骨盤の形態を急変させたのだ。

背骨を大腿骨の真上に水平にして持ち上げることの最も大きな利点は、「**呼吸と歩行（走行）の分離**」が起こることだ。これはすなわち、呼吸をすることと歩行をすることを同時にできるということである（＊17）。

呼吸を常時行うことを可能にすることによって、持続的な高速走行が可能になった。獣脚類は、脊椎動物の中で初めて、持続的な運動を可能にした。筆者は、この持続的な高速走行こそが、コエロフィシスを獣脚類のチャンピオンに押し上げた生理学的な特徴の1つであると見ている（＊4）。

獣脚類を他の生物と比較すると、その素晴らしさが理解できる。直立二足歩行ができなければ、獣脚類と鳥は、これほどの発展はできなかったはずだ。

約2億5千万年前の大絶滅の直前においては、彼らの先祖は今のトカゲと同じように、後肢と前肢が真横に出ていた。しかし約2億3千万年前のヘレラサウルス（＊30）の段階で、直立二足歩行を完成させた。酸素濃度が急落したこの約2千万年の間に、ガス交換能力を大きく向上させるために、骨盤の構造を劇的に変化させたと見てよい。

この約2千万年は大絶滅の直後であり、化石の数が非常に少ないため、生理学、分子生物学、古生物学の知識を総動員して、獣脚類の変化を再検証する必要がある。

「呼吸と運動の分離」の重要性を理解していただくために、皆さんの身近な例として、トカゲに登場していただくことにしよう。

皆さんは夏の日の朝、登校（出勤）しようとする時に、道端で日向ぼっこをしているトカゲを何回か見たことがないだろうか。トカゲは朝、日光で体温を上げないと運動できないので、朝に日光を浴びに、わざわざ人目につく道端に出てくる。

ここでトカゲの1つの特徴がわかる。トカゲは自分の体温を一定に維持できないために、夜の間に体温が下がるたびに、朝の日光で身体を温める必要があるということである。

あなたがトカゲに近づいていっても、本当にそばまで行かないと逃げない。十分に近づくと、急いで逃げて、少し動いては止まるという動作を繰り返す。何回か繰り返して、ついには道端の側溝（そっこう）に姿を消してしまう。

ここから、もう1つ彼らの特徴がわかる。外界から刺激がない限り、ほとんどの時間、じっとしているということだ。トカゲにとっては少ない距離でも、動くことは相当に強度の高い運動なのだ。彼らの肺は、運動を少しの時間でも持続するようにはできていないからだ。

さらにいえば、トカゲは運動しながら、呼吸ができないのだ。運動する時は、呼吸を止めているのだ。歩く時には大きく背骨をくねらせる必要があり、肺が強く圧迫を受けるため、運動しながら呼吸ができないのである。

彼らは運動する時には呼吸を止めているため、よほどのことがない限り運動をしない。「よほどのこと」とは、獲物を捕らえる時か、または彼ら自身が他の動物の獲物になる危険がある時かのどちらかだ。

だからトカゲは、一日中ほとんど動かずにいる。繰り返しになるが、「呼吸と運動が分離していない」ため、よほどの必要性がない限り運動しないからだ。

獣脚類は、約2億5千万年前まで、このようなトカゲと同じ姿であった。約2億3千万年前に、ヘレラサウルス(＊30)が直立二足歩行を完成した。また約2億2千万年前のコエロフィシスは、異次元のスプリンターに変身した。

獣脚類を理解する1つのカギは、ここで議論している「骨盤の構造」にある。

筆者は、東京・上野の国立科学博物館に頻繁(ひんぱん)に見学に行くが、そこで見ることができる獣脚類の骨盤の構造には、ある意味、神々(こうごう)しいほどの機能的な美しさを感じる。

「呼吸と運動の分離」のためには、運動する時に肺を圧迫しない構造が必要なのである。

わかりやすくするために、本章に登場した3つの動物の骨格を比較してみよう（61頁・図

5)。これにより理解が容易になると思う。
ルティオドン(＊24)(主竜類(しゅりゅうるい)(＊26)) は、基本的にトカゲとあまり変化がない。背骨をくねらせる必要があるため、運動しながら呼吸をすることができない、または呼吸が強く抑制される。このため運動は必要最小限しかしない。

プラケリアス(＊22)は、背骨を高く持ち上げたという点では、大きな飛躍を成し遂げたことがわかる。これにより呼吸はある程度運動から分離され、運動の影響を受けずに継続できた。ただ、彼らの前肢、および後肢は斜め横に出ているため、この分離は不完全である。このため強度の高い運動の継続は不可能だ。

ルティオドンやプラケリアスと比較すれば、獣脚類の骨盤の構造が、いかに画期的な発明であったかが理解できるだろう。この骨盤の構造により、獣脚類は呼吸と運動を完全に分離したのだ。だから彼らは、持続的な高速走行が可能になったのである。

高速走行をさらに理解するためには、後肢の構造に注目する必要がある。このあたりの走行能力の変化については、次の第2章で詳述する。

ルティオドン（主竜類）

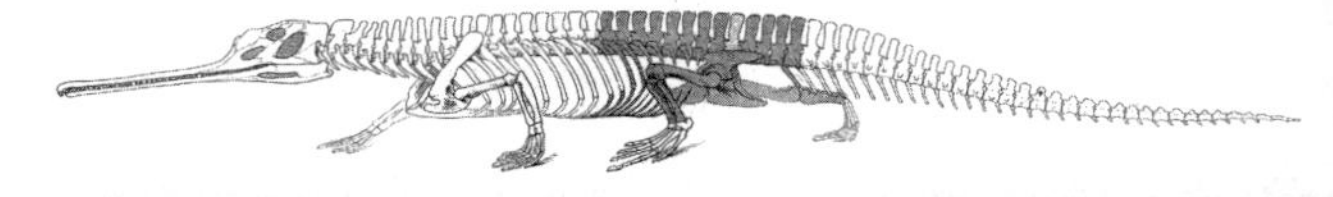

プラケリアス（獣弓類）

コエロフィシス（獣脚類）

図5 呼吸と運動の分離

本書の中で主に登場するルティオドン（主竜類（*26）：現在のワニの近縁）、プラケリアス（獣弓類（*3）：現在の哺乳類の近縁）とコエロフィシス（獣脚類：現在の鳥の近縁）の３種の全身骨格を比較してみる。注目すべきは、後肢、および前肢の出ている方向である。ルティオドンは前肢と後肢が真横に出ている。プラケリアスは斜め横に出ている。これに対して、コエロフィシスは後肢（大腿骨）が真下にある。呼吸と運動の分離の観点から評価すると、ルティオドンは呼吸と運動がまったく分離していないので、運動する時に呼吸は大きく抑制される。プラケリアスは呼吸と運動が不完全ではあるが分離しているので、運動の際の呼吸の抑制はかなり少ない。持続的に運動できるが、動作は非常に鈍いことがわかる。コエロフィシスは呼吸と運動が完全に分離しているため、持続的に走行しても呼吸は抑制されない。コエロフィシスが持続的に高速走行できる理由の１つはここにある。

第2章　三畳紀のチャンピオン、コエロフィシスの実態

(1) コエロフィシス──数百頭の群れ

コエロフィシスは1頭ではまったく非力である。噛む力は弱いし、体も小さい。1頭でプラケリアス(＊22)を倒すことはできない。一方で、俊敏なコエロフィシスをプラケリアスが倒すのも、大変に困難である。

コエロフィシスの顎の骨は、骨を砕(くだ)いたり、筋肉を切り取ったりすることはできないから、小さな動物をそのまま丸呑(まるの)みにすることくらいしかできない。2億2千万年前くらいまでは、小さな群れで、小動物を捕まえて丸呑みにする生活をしていたに違いない。コエロフィシス

は体格的には、プラケリアスには劣るから、ほとんど死にそうな個体、またはすでに死んだ個体しか獲物にすることができなかった。コエロフィシスは動きがすばしこく、うっとうしいやつらではあっても、プラケリアスの生存に危機をもたらすものではなかったのだ。

三畳紀末期（約2億1千万年前）になると、状況は一変する。コエロフィシスは、プラケリアスの生存を脅かす存在となる。コエロフィシスはさらに数が増加し、数百頭の群れで移動して、パンゲア大陸中を荒らしまわるギャングのような存在になったのではないか。であればこそ、百頭単位でコエロフィシスの化石が見つかるのではないかと思う。

たとえば、以下のような行動が十分にありえると思う。

コエロフィシスの運動能力は、なにしろ異次元のものである。一日中、持続的に高速で移動できる。この数百頭のコエロフィシスの群れは、リーダーにあたる個体は見当たらないものの、時速30㎞程度で持続的に移動でき、手がつけられない、傍若無人な振る舞いをしてまわるのである。

数百頭の群れで1日数十キロから数百キロを移動し、プラケリアスの群れを探す。所々にある小高い丘のようなところで、一斉に鼻を突き上げて周囲の匂いを嗅ぐ。プラケリアスの群れの匂いがすると、その方向に数百頭の群れが一目散に高速走行して、あっという間に追いつき、数十頭のプラケリアスの群れの周囲をぐるっと取り囲む。

プラケリアスの群れを取り囲んだコエロフィシスだが、一方向だけ彼らが逃げる方向を残しておく。プラケリアスを威嚇しながら、小刻みに攻撃を加え、その方向にプラケリアスの群れ全体を追い込む。プラケリアスは恐怖にかられて、一目散に逃げようとする。

運動能力では劣るプラケリアスは、移動するにつれて群れの形は崩れて、生まれたばかりの子どもなどの、移動速度の遅い個体から群れから脱落する。プラケリアスの群れが逃げ去った後には、生まれたばかりの小さな子どもだけが動けずに残る。この生まれたばかりの子どもを難なく捕まえて食べる。これがコエロフィシスの通常の食事になった。

動きが鈍重(どんじゅう)ですぐに熱中症になるプラケリアスでは、コエロフィシスの運動能力にまったく太刀打ちできない。またコエロフィシスの方が数もはるかに多いので、プラケリアスはコエロフィシスにされるがままだ。1対1では話が違う。獣弓類のプラケリアスに分があるかもしれないが、数百の群れで移動してくるのでは話が違う。自分の体は守れるかもしれないが、子どもの安全を守ることはできない。群れが通り過ぎた後は、ほとんどの子どもはコエロフィシスに食べられてしまうのである。

パンゲア大陸の中で、プラケリアスなどの獣弓類が安心して子育てをする場所はなくなった。大陸のあちこちにあれほどいた獣弓類だが、大陸に安住の地はなくなってしまい、三畳紀末には数は激減してしまった。

(2) コエロフィシスとヘレラサウルス――後肢の構造の違い

初期獣脚類には、コエロフィシス（約2億2千万年前～約1億9千万年前）の他に、それ以前に存在したヘレラサウルス(＊30)（約2億3千万年前～約2億2千万年前）がいる。時間的には、ヘレラサウルスが絶滅してコエロフィシスが現れ、コエロフィシスが世界中に分布しているところを見れば、ヘレラサウルスはコエロフィシスとの生存競争に敗れて絶滅したと見えなくもない。

じつはこの2つは同じ初期獣脚類であって、骨格の構造がよく似ているところもある。体格はヘレラサウルスの方がはるかに大きく、単純にみるとヘレラサウルスの方が有力のように見える。

しかし、この2つの獣脚類には大きな違いが存在する。同じ初期獣脚類であっても、後肢の構造に決定的な違いがあるのだ。コエロフィシスの足の指が4本（1本は縮小）であるのに対し、ヘレラサウルスは足の指が5本（2本は縮小）だということだ。

足の指の違いで何が異なるのかという意見があるかもしれない。しかし獣脚類は、進化すればするほど、後肢の構造が単純になっていくのだ。足の指5本と足の指4本では、生み出す運動能力に格段の差がある。特に足の甲の構造は、運動能力が大きくなるほど単純化され、指の数は減り、足の甲の部分では、指の骨が融合するようになる。

図6を見ればわかるように、明確な差異が見られるのは、足の甲の部分だ。ヘレラサウルスの足の甲の骨は、指5本のままで、強固に結合した形跡はなく、大きな加重に耐えるようになっていない。また持続的な運動も不可能であったかもしれない。

コエロフィシスの足の甲では、骨はほとんど結合したような構造になっている。コエロフィシスの方が大きな負荷に耐え、持続的な運動も可能であったことを示している。

さらに進化して、ティラノサウルスになると、足の指は3本で、足の甲の部分では、この3本の骨はほとんど融合して、1本の骨のようになっている。

馬をイメージすれば、よりわかりやすいかもしれない。馬は進化すればするほど、足の指は減って、現在の馬はほぼ指1本で立っているが、その運動能力は哺乳類の中では群を抜いた存在である。

図6　初期獣脚類の骨格

初期獣脚類の共通の特徴として、平面を張り合わせたような頭骨で、筋肉をつける余地があまりないことがわかる。また眼は横向きについていて、両眼視ではなかったことがわかる。首の骨を見れば、腱があまりなく、背骨を完全には水平化できなかったことがわかる。後肢に注目すると、ヘレラサウルスとコエロフィシスでは大きな相違がある。ヘレラサウルスでは、脛骨の方が大腿骨よりもやや短い。また足の指の骨は甲の部分で５本の骨が結合していないため、加重に耐えられず、高速走行はできなかったと考えられる。これに対して、コエロフィシスでは、脛骨の方が大腿骨よりも長い。足の甲の部分では、第２指から第４指の骨の結合が顕著であり、加重に耐え、高速走行ができたと思われる。

ヘレラサウルスは、せいぜいヒトの早足程度の速さでしか移動できなかったのではないか。ヘレラサウルスの大腿骨（太ももの骨）の長さは、脛骨（すねの骨）と同じくらいかやや長いが、これはヒトと同じレベルだ。またヒトもヘレラサウルスと同じように、後肢が5本の指のままで、足の甲の部分で5本の骨が並んだ構造をしている。

とすれば、ヒトと同じように、ヘレラサウルスは高速走行することはできなかったのではないか、という推察が成り立つ。

ただ、この時期には、早足程度の速さでも、持続的にこの速度で移動できる動物は他に存在しなかった。またヘレラサウルスは、生物史上初めて直立二足歩行を完成させた生物であった。さらに、陸上生物の中で、持続的な移動を初めて可能にしたのは、ヘレラサウルスであることを述べておく。約2億3千万年前の段階では、ヘレラサウルスは卓越した運動能力を有していたということである。

ただ、後に現れるコエロフィシスと比較すれば、運動能力は著しく劣るというだけだ。ヘレラサウルスのような革新的な運動能力を持った獣脚類でさえ、たった1千万年で時代遅れにしてしまった、初期獣脚類の進化の速度に驚くほかない。

一方、コエロフィシスの場合は、大腿骨は脛骨よりもはるかに短い。また後肢の足の甲の構造は、はるかに単純になっている。コエロフィシスの骨格は高度に中空化されていて、十分に効果的な気嚢があり、高いガス交換能力があったに違いない。

これらの事実は、コエロフィシスが高速スプリンターとしての能力が高く、持続的に高速走行できたことを示している。後肢の構造の違いによって、持続的に走行できる速度に、大きな違いが現れるのは間違いない。より持続的な高速走行が可能なコエロフィシスの方が、ヘレラサウルスよりもはるかに進化した存在だった。

ヘレラサウルスがたった1千万年で絶滅しているところを見れば、運動能力のはるかに高いコエロフィシスに進化する過程の中間形質(＊16)と見ることも可能だろう。コエロフィシスは三畳紀からジュラ紀初期にかけて2千万年以上も生存していることを考えれば、三畳紀の進化の完成形と見てもいいのではないかと思う。だから彼らは世界中に分布し、北米などでは、一度に数百体もの化石が一度に見つかったりするのではないかと思う。

その意味で、筆者はコエロフィシスを「三畳紀のチャンピオン」と呼んでいる。

(3) コエロフィシス(三畳紀後期)とドロマエオサウルス(白亜紀後期)

初期獣脚類(三畳紀後期)と後期獣脚類(白亜紀後期)の比較をしてみよう。後期獣脚類の代表選手として、コエロフィシスと同じ程度の体格を持つドロマエオサウルス(*15)を例にとって比較してみる。

まず比較する前に見ておくべきことは、この2つのグループの生きている環境が、まったく異なるということだ。三畳紀後期は、ここまでに述べてきている通り、極端な低酸素、および酷暑の気候である。これに対して白亜紀後期は、酸素濃度は現在とほとんど変わらないが、二酸化炭素の濃度は現在よりも高いので、現在よりは温暖である。ただ三畳紀よりはかなり気候は冷涼化している。

この2つの獣脚類は、まず外観がまったく異なる。ドロマエオサウルスは全身羽毛で覆われていて、体温は40℃に近かった。あるいは40℃を越えていただろう。このため、環境の温度が下がっても、すみやかに強度の強い運動ができた。一方のコエロフィシスは、外温性で体全体がウロコで覆われている。そして羽毛があるとしても装飾用のものだっただろう。

後肢の足の甲の骨の数は、コエロフィシスもドロマエオサウルスも3本であるから、持続的に高速走行する能力は、同時代の競争者と比較すれば、群を抜いているという点では同じだ。しかし走行する速度は、はるかにドロマエオサウルスの方が速かった。

あるいは走行速度の差は、背骨の構造によるかもしれない。コエロフィシスでは、背骨が完全には水平化されていないので、ある速度を超えるとどうしても左右の振動が激しくなる。対してドロマエオサウルスの背骨は、完全に水平化され、背骨が多数の腱で強く固定されているので、コエロフィシスの走行速度をはるかに超えても安定した走行が可能だっただろう。

またコエロフィシスは、後肢の足の甲の骨が5本から3本に進化した直後の構造で、3本の骨の結合がゆるい。これに対して、ドロマエオサウルスの3本の骨は、強固に結合されている。コエロフィシスは、体全体の構造から持続的な走行はできたと思われるが、おそらくドロマエオサウルスのような高速走行は不可能である。

頭骨を見ると、コエロフィシスの頭骨は、横方向に極端に狭く、構造がスカスカで、前眼窩窓や側頭窓（そくとうそう）などの穴が大きく、骨同士の相互の結合が極めて弱いことを述べた。これに対してドロマエオサウルスの頭骨は、横方向にある程度広く、構造ははるかにがっしりしていて、前眼窩窓や側頭窓などの穴が小さくなり、頭骨の相互の結合がかなり強化されている。

視力について見れば、コエロフィシスの頭部は、横方向につぶれたような構造をしているから、両眼視できる範囲はほとんどなかった。これに対して、ドロマエオサウルスは、かなりの範囲（たとえば前方90度程度の範囲）で両眼視ができた可能性が高い。ドロマエオサウルスの頭部は、脳が入っていた部分がかなり広くなり、視覚野の入る部分が大きく空間があることを考えれば、両眼視ができて、眼で受け取った情報を脳で処理することで、ある程度の立体視ができていたはずだ。

ただ、約6600万年前に登場するティラノサウルスと比較すると、両眼視の範囲はかなり狭い。まだ両眼視への進化の途中であると思われる。これは、頭骨を正面から見て比較すれば、ある程度わかることである。

両眼視および立体視は、白亜紀末期になっても、ほんの一部の獣脚類が持っている能力にすぎず、当時の「最新テクノロジー」ともいえた。この能力により、白兵戦（接近戦）の戦闘力は格段に向上した。したがって、この両眼視と立体視の能力を考えれば、約7500万年前の段階でドロマエオサウルスは、抜群の白兵戦の能力があったことは疑いの余地がない。

また、足の第2指が極端に大きく、巨大な鉤爪（かぎつめ）になっていることは、ドロマエオサウルス科の後期獣脚類に共通した特徴である。これはドロマエオサウルスが、集団で、より巨大でより危険な相手、たとえば、鳥盤類（ちょうばんるい）のハドロサウルス（＊31）類などを獲物にしていたからではないか。ハドロサウルス類は、体重1トンを超えている。これを仕留めるのは、三畳紀の獣弓類を仕留めるのとは比較にならないほど危険だった。

さらにハドロサウルスは、プラケリアスのように鈍重な動物ではなかっただろう。体重は重いのに、相当な運動能力があったに違いない。ハドロサウルスに踏みつけられれば、即死することは間違いないし、強力な尾で叩かれれば、骨格が華奢な獣脚類では、ただではすまないことは容易に想像できる。

このような強大な獲物に対抗するために、後肢の第2指の鉤爪などのように、十分な戦闘能力・殺傷能力を持つように、ドロマエオサウルスは進化していたに違いない。

（4）スプリント能力の比較——現在の生物と獣脚類、獣弓類

小学生の時に熱心に見た動物図鑑には、よく動物の走行速度の比較が載っていた。記憶にある方も多いだろう。しかし残念なことに、この比較の生理学的な根拠を見たことがない。

そこで、生理学的な根拠に筆者の想像も混ぜて、現在の生物と獣脚類、および獣弓類のス

プリント能力を比較してみたい。骨格や筋肉だけでなく、ガス交換能力も加味して比較してみることにする。

まず、ペルム紀に繁栄して、三畳紀末まで生存していた獣弓類は、どの程度のスプリント能力を有していたのだろうか？　たとえばプラケリアス（＊22）である。

骨格からわかることは、獣弓類は生物史上初めて、背骨を地面から持ち上げたことで、ある程度の速度で持続的に移動することが可能になった。しかし、前肢と後肢が、ともに背骨の斜め下に出ているために、歩くたびに背骨をくねらせる必要があり、スピードという点ではかなり鈍かったに違いない。

また前肢の部分で背骨がくねるために、肺が常に圧迫され、持続的に走行することはできない。瞬発能力はあるいは高かったかもしれないが、持続的な移動速度は、ヒトが歩行する程度（時速４km程度）だったのではないか。

最古の獣脚類の１つであるヘレラサウルス（＊30）はどうだろうか？　ヘレラサウルスは初めて背骨を大腿骨の真上に持ち上げているので、走行する時に背骨をまっすぐに伸ばしたままでいることができた。すなわち、運動する時に背骨をくねらせる必要がなくなった。また前肢を持ち上げたために、運動する際に肺の呼吸運動を圧迫することがなくなった。気嚢も装着していたと考えられ、一日中持続して運動することが可能だっただろう。

問題はその走行速度である。ヘレラサウルスの骨盤は、腸骨が仙骨を2〜3個挟んでいるにすぎない。また背骨同士が強い腱で結ばれているわけではないので、走行速度を上げると、どうしても背骨が左右に振動するため、高速走行は無理だった。

これらはジュラ紀前期までの初期獣脚類に共通した特徴である。高速走行をするためには、頭を背骨の線まで下げて尾を後ろにピンと伸ばし、背骨を頭から尾まで一直線にして、走行する際には、左右にも前後にも振動させない構造が必要である。

骨盤の腸骨が5個程度の背骨を挟んでいて、背骨が相互に強い腱で結合することにより、背骨が完全に水平に固定される。このような堅固な構造ができるのは、ジュラ紀後期のアロサウルス(＊19)のあたりからである。

ヘレラサウルスはヒトと同じように、大腿骨と脛骨の長さの比が1：1程度で、足の甲の部分では5本の指の骨が並列に並んでいる。ヒトは同じ程度の大きさの動物で比較すると、スピードはかなり劣る動物であると考えられているから、ヘレラサウルスの走行速度は、ヒトの早足と同じ程度（時速10㎞程度）だったのではないかと思う。

さらに進化したコエロフィシスはどうだろう？

コエロフィシスは、大腿骨よりも脛骨の方がはるかに長く、後肢は3本の指の骨であるから、走行速度はヒトよりもはるかに速く、ヒトの全力走行速度と同じ程度（時速30km程度）だったのではないか。コエロフィシスの素晴らしい点は、この走行速度を酸素濃度10％の環境下で達成しているという点だ。彼らはほぼ完成した気嚢を持っていることから、一日中この速度で走行できたはずである。気嚢は、ガス交換能力を飛躍的に高めると同時に、全身を巡る空冷システムでもあったからだ。

しかも気嚢は、高速走行をすればするほど、全身を循環する空気の速度も増加し、空冷効率が増加する。したがってコエロフィシスは、ほぼ一日中高速走行する方が、体を空冷することができた。だから彼らは、酷暑で低酸素の三畳紀でも、高速走行を続けても息を切らさなかったし、熱中症になることもなかったに違いない。

現在のダチョウはどうだろう？

ダチョウの骨格を見ると、背骨が水平化され、大腿骨よりも脛骨の方がはるかに長く、典型的なスプリンターの構造をしている。実際にダチョウは、陸上の鳥類の中で最高のスプリンターである。ケニアの自然動物公園などを訪れた旅行客が驚くことは、ダチョウが時速60kmほどのスピードで、少なくとも1時間程度は持続して走行できる点である。これは気嚢が卓越したガス交換能力を発揮させているからに違いないが、もう1つ、気嚢は高速移動であればあるほど、効率が高くなる放熱システムであるために、灼熱のアフリカでも熱中症にならずに高速走行を持続できるということがある。

加えてもう1つ、気嚢の特徴として、体が大きければ大きいほど放熱効率が高くなるという点がある。小鳥なども気嚢を持っているが、彼らの骨は小さく、放熱の能力はそれほど高いわけではない。しかしダチョウくらい大きくなると、骨が大きくなって、そのほとんどが中空化していて気嚢が入り込んでいるわけだから、その放熱の効率は大変に高いと考えられる。アフリカの大地では、気嚢の果たす役割が非常に大きいのである。

重要な点を繰り返すと、高速走行した方が効果が高いということと、体が大きいほど放熱システムとしての役割は大きくなるということだ。三畳紀の末期に、獣脚類が大型化した生理学的な理由には、これらのことがあったに違いない。

現在のダチョウの走行速度は時速60㎞程度で、この速度で少なくとも数十分は持続走行が可能である。これは、鳥と獣脚類だけが持つ、スーパーミトコンドリアのなせる業であることはいうまでもない。

ただダチョウは、高速で走行するという意味では、獣脚類よりもはるかに不利な体型をしている。高速で走行するためには、頭骨から背骨、そして尾骨までを一直線にする必要がある。ダチョウは首を大きく上に反って、頭を真上に持ち上げている。これでは高速で走行する際、頭が前後に動いてしまい、速度を上げることを妨げる。

もっともこれは、見晴らしが利くアフリカの大地において、いち早くライオンなどの天敵を見つけるための適応に違いない。ただ、彼らの走行速度、時速60㎞を上回る肉食動物はチーターくらいしかいないから、この速度で十分なのかもしれない。骨格が華奢にできているチーターなら、白兵戦になっても十分な勝算があるだろう。何せ、ダチョウの戦闘力はアフリカの大地の中でも卓越している。強力な足で一発蹴りを入れれば、大型のネコ科でもただではすまない。成鳥になれば、ライオンでもほとんど襲うことがないのはこのためだ。

その意味で、ドロマエオサウルス(＊15)(白亜紀後期)は理想的な体型をしている。特に素晴らしい点は、背骨が強固な腱で相互に結ばれているため、可動性は低いものの、高速走行する時の安定性は抜群である。頭骨から背骨にかけて一直線にすることができ、前肢を体幹に密着すれば、さらに速度を上げることが可能だろう。さらに高速になればなるほど頭骨を下げることによって、重心を下に移動させ、体全体を安定させることができる。

またドロマエオサウルスは、走行速度を上げてストライドを大きくすればするほど、背骨を一直線にしたまま重心を下げることが可能である。これによりさらに安定した高速走行が可能になる。

ベンツやＢＭＷなどのドイツ製の自動車は、高速走行において高い安定性を有している。アウトバーン（ドイツ・オーストリア・スイスの自動車高速道路）で、時速２００km以上で走行することを標準としているため、重心を下げて安定した走りを実現させているのである。同じような機能を持っているドロマエオサウルスは、低く見積もっても時速60km程度で、普通に見積もれば時速80km程度の速度で、数時間以上は持続的に走行できたと考えられる。

ドロマエオサウルスは明らかに内温性で、羽毛があって、後肢の構造もほとんどダチョウと同じ形であり、コエロフィシスよりもはるかに進化した形をしていることはすでに述べた。特に、大腿骨よりも脛骨の方が長く、典型的な高速スプリンターの形をしている。

現在のチーターはどうだろう？

チーターも背骨が水平化され、また大腿骨よりも脛骨の方が長く、スプリント能力を生み出す後肢の構造は美しくもある。読者の皆さんが高速スプリンターと聞いて、まずイメージするのはチーターであると思う。時速１００km程度で走行して、素晴らしい加速能力を発揮して、ガゼルを一瞬にして捕獲する能力は美しささえ感じる。

ただ、彼らが高速走行できる距離は、数百メートルが限界で、狩りをした後は、肩で息をしてゼエゼエしているのがわかる。これはチーターというより、哺乳類の肺の能力の限界といってもいい。すなわち哺乳類は、高速走行を持続するほどのガス交換能力を持ち合わせていないからだ。

これは哺乳類の肺の構造的・宿命的な限界といえる欠点であり、哺乳類は基本的に酸素濃度が低いところでは生存する能力がないということだ。哺乳類の肺が肺胞という袋状の構造をしているからで、出ていく空気と入ってくる空気が混ざるという決定的な欠点があるのだ。

一方、ダチョウや獣脚類の肺は、出ていく空気と入ってくる空気が混ざることがない。これは専門家でもよく間違えることだが、気嚢があるために混じり合わないのではない。肺の構造が基本的に異なるからだ。

これについては、「第6章　空気が一方向に流れる肺」のところで説明しているので、楽しみにしていただきたい。また、チーターは、ダチョウの気嚢のようなすぐれた放熱システムを持っていないから、限界を超えて走行すれば、熱中症の危険が常につきまとうことになる。だから短い時間（数秒間）しか全力疾走することができない。

白亜紀前期に北米にいたユタラプトル（*32）は、ドロマエオサウルス科の獣脚類で最大の動物で、体長が６ｍ程度もあり、体高はヒトと同じくらいである。スティーブン・スピルバーグ監督の映画『ジュラシック・パーク』にも登場した「ベロキラプトル」（＊33）は、実際には体高が50㎝程度しかなかった。映画の「ベロキラプトル」はユタラプトルのことであるようだ。映画の中のラプトルはヒトと同じ程度の体高があり、「ベロキラプトル」では体格が大きすぎるのである。

ヒトよりも体高が高いドロマエオサウルス科の獣脚類は、ユタラプトルしかいないのではないか。ちなみに『ジュラシック・パーク』でも「ベロキラプトル」の走行速度は時速80㎞という設定になっていた。ユタラプトルなら時速80㎞で走行するのも可能かもしれない。

ユタラプトルは、ドロマエオサウルスよりもはるかに速く走行できた可能性が高い。動物の走行速度は、体型が同じであれば、体が大きいほど一歩のストライドが大きくなるため、体の大きさに比例して速くなる。ユタラプトルはもしかしたら、チーターと同じ程度の速度、すなわち時速１００㎞程度で一日中持続走行できた可能性がある。１日のうちに、東京から大阪くらいまでは楽々と移動していた可能性はあると思う。

体が大きくなるほど走行速度は増加するとはいえ、ある程度まで体重が重くなると、かえって走行速度は遅くなるといわれている。ユタラプトルが恐竜の中で最高のスプリンターと見なされないのは、このような背景があるからではないかと思う。

ユタラプトルは体重300kg程度と推察されているようだが、私はこの推察に賛成しない。おそらく半分程度の体重だったのではないかと思う。なぜなら、獣脚類はインスリンに対する感受性を失っているため(＊4)、脂肪を蓄積させることがほとんどないはずなのである。

獣脚類の体重は、現在の哺乳類や爬虫類(はちゅうるい)との比較で推定されているが、インスリン感受性を保持する動物と比較するのは適当ではないと思う。

そうではなく、インスリン耐性の動物である鳥（例：ダチョウ）と比較するべきだと私は思う。ちなみに雄のダチョウの体重は約120kgといわれているから、ダチョウより少し体が大きいユタラプトルは、150〜200kg程度と推定しても不合理ではないと思う。

ユタラプトルの体重が予想の半分の150kg程度しかなかったとすると、時速100kmで走行することは十分にありえたのではないかと思う。

(5) 後期獣脚類（ティラノサウルスなど）との比較――骨格

後期獣脚類の代表であるティラノサウルス(＊20)の腸骨（骨盤の最も大きな骨）は、5つの仙骨（背骨の最も下部）を挟んでいるが、ヘレラサウルス（＊30）（三畳紀後期）の腸骨は2つの仙骨を挟んでいるにすぎない。

また初期獣脚類は、後期獣脚類のように背骨と背骨の間が強い複数の腱で結ばれていない。獣脚類では背骨を水平に安定させるための構造は大きく2つあり、1つは腸骨による安定化で、もう1つは頭骨から尾骨まで伸びる太い複数の腱である。この2つで尾骨を水平に安定化させる構造が現れるのは、ジュラ紀後期以降の獣脚類である。

したがって初期獣脚類は、背骨を完全に水平化させることができなかった。頭骨から尾骨にかけて徐々に下がる構造だったのだ。特に尾骨は、腱で連結される構造が弱いため、尾を引きずり気味だった可能性がある。

これに対して、後期獣脚類であるドロマエオサウルスの背骨は、走行速度を上げても左右に揺れることがなく、常に一直線に保つことができた。これは背骨が複数の腱で強固に固定されているからで、左右や前後に振動することがない。

一方でコエロフィシスは、背骨の結合がゆるい（すなわち背骨が太い腱で結合されていない）ために、ドロマエオサウルスのような高速走行はできなかったのではないかと思う。

頭骨について見てみると、後期獣脚類と比べて、コエロフィシスなどの初期獣脚類の頭骨の結合は極めてゆるく、また幅は特に左右に狭く、凹凸がなく平滑面が連結された構造である。これは頭骨に貧弱な筋肉しかなく、噛む力は大変に弱かったことを示している。歯も大変に薄く、横方向の力で容易に破壊される程度のものだったことはすでに述べた。大型の草食動物に噛みついて肉を引きちぎったりすることはできなかった。

　このような貧弱な頭骨の構造は、ジュラ紀前期まで続いていて、この間、獣脚類には、大きな草食恐竜を倒す力はなかった。ジュラ紀前期の獣脚類には、コエロフィシスよりもはるかに大型のものがいたにもかかわらず、頭骨の構造が基本的にほとんど同じであったため、同じような食生活であったに違いない。

　頭骨の構造に明確な変化があるのは、ジュラ紀後期の獣脚類であるアロサウルス（87頁・図7）（*19）からだと思う。彼らの頭骨は、初期獣脚類と比べて大幅に強化されている。しかしそれでも、アロサウルスの噛む力は、はるかに小さいライオンよりも弱かったという計算もあるほどだ。それでもアロサウルスが大型の草食恐竜を倒すことができたのは、彼らの背骨の構造に答えがある。

　アロサウルスの背骨の構造は、骨盤で安定化され、背骨のすべてが強い複数の腱で連結されているため、頭を斧のように振り回して草食動物の首などに衝突させ、草食動物を出血死させることができたはずだ。

これに対して、コエロフィシスは、前にも述べたように骨盤が2つか3つ程度の仙骨しか挟んでいないために、背骨が十分には安定化していなかった。このため、頭骨を含めた首から上部の構造をできるだけ軽量化させる必要があり、首から頭部にかけての筋肉は、後期獣脚類に比べるとはるかに貧弱で、アロサウルスのような芸当はできなかった。

獣脚類が獲物をくわえて、歯で肉を突き通して骨を粉々にすることができるようになったのは、白亜紀の後期になってからだ。ティラノサウルス（＊20）は、あらゆる点で他の獣脚類とは異なっている。

ティラノサウルス科の獣脚類は、白亜紀後期に急速に巨大化し、他の大型獣脚類を圧倒した。北米においては白亜紀末期には、ティラノサウルス・レックス以外の大型獣脚類は、ほとんどいなくなってしまったと思われる。

ティラノサウルスは、横に広いがっしりとした頭骨がある。さらに、頭骨が滑(なめ)らかに湾曲していることから、大きな顎に筋肉が付着していて、噛む時に大きな力を生むことができたと思われる。彼らは、噛む力が史上最強の地上生物であるといわれている。

他の大型獣脚類は、すべて頭骨が横に狭かった。たとえば白亜紀前期に南アメリカに存在したマプサウルス(＊34)(アロサウルスの近縁)は、体の大きさの単純比較では、ティラノサウルスよりも大きい(13m程度)が、頭骨は左右に狭く、歯も薄い。マプサウルスは、獲物を口にくわえたまま振り回し、巨体を押し倒すことはできなかった。このようなことができたのは、ティラノサウルスだけであろう(図7)。

ティラノサウルスが獲物のどこかに噛みつくと、その場所の骨は立ちどころに粉々に砕かれ、獲物は激痛のため意識を失った。このようなことが可能だった根拠の1つは、噛む力を生み出す筋肉で、もう1つは歯の構造である。ティラノサウルスの歯の構造は、他の獣脚類とはまったく異なっている。

他の獣脚類の歯はナイフのような形で、切れ味は鋭いが、横方向に力がかかると容易に破壊された。したがって、肉を切り取るくらいのことはできたが、骨を粉砕することはできなかった。そのため、一撃で大型の草食恐竜を倒すことができず、何度も反復攻撃をする必要があっただろう。

この時、相手が大型の草食恐竜なら、致命的な反撃を受ける危険性も高かったに違いない。獣脚類の骨格は基本的に華奢にできているから、体当たりでもされれば、ただではすまなかっただろう。

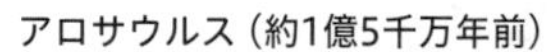

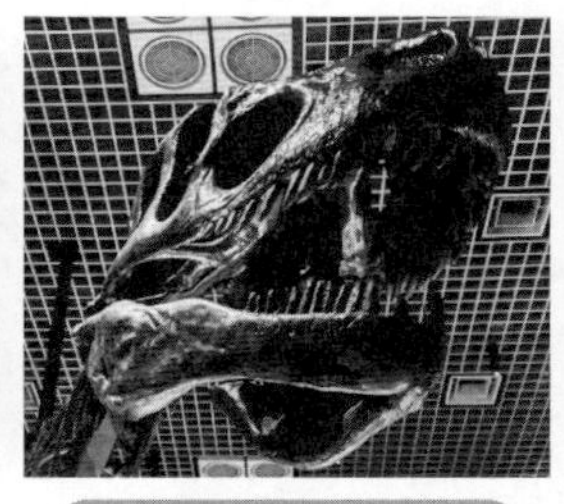

図7 後期獣脚類の頭骨と歯の比較

ティラノサウルスの頭骨の構造の特徴は、曲面が結合してできていて、横に広いことだ。噛む力を生み出す筋肉が付着する場所が大きく、強大な力を生み出せることがわかる。また眼は前方を向くように入っていて、両眼視ができたことがわかる。特徴的なのは歯で、バナナ型の構造をしており、大型の草食恐竜の骨でも粉々にできただろう。また、脳が収容されていたと思われる空間が広く、知能が高かったはずだ。ティラノサウルスの化石が複数頭かたまって発見されることがあり、ライオンのように集団で狩りを行っていたとされる。一方、アロサウルスの頭骨の構造は、特に上顎骨の部分は平面が結合した形をしていて、噛む力を生み出す筋肉の付着部分が少ない。また眼は側方を向くように入っていて、両眼視ができなかったことがわかる。歯の構造はナイフのような構造で、横への加重に耐えることができず、骨を砕くことは無理である。ただ肉を切り取るぐらいの噛む力はあったとされる。

これに対して、ティラノサウルスの歯はバナナ型といわれ、縦方向にも横方向にも加重に耐えるようにできている。だから、ティラノサウルスが一度噛みつけば、獲物の骨を粉々にできたのである。バナナ型というよりも、ハンマー型といった方が適切かもしれない。ティラノサウルスの狩りは、「一撃必殺」であったに違いない。

ティラノサウルスは、頭骨から尾骨まで、他のどんな獣脚類よりも大きく強化されていた。大きな加重に耐えるためだ。彼らは大型の草食恐竜をくわえたまま振り回し、地面に叩きつけることもできたはずだ。後肢で自身の体重をかけて首を押しつけて、最後に口でくわえながら獲物を思いきり引っ張れば、頸骨が複雑骨折して、一瞬にして絶命した。

映画『ジュラシック・パークⅢ』で、ティラノサウルス(*20)とスピノサウルス(*35)がばったり会って戦うシーンが有名である。まずティラノサウルスが一度、スピノサウルスの肩のあたりに噛みつくが、それは外されて、今度は力任せにスピノサウルスがティラノサウルスの首に噛みついて押し倒し、体重をかけて首を骨折させてジ・エンドというシーンだ。

このシーンの根拠は、ティラノサウルスが約11mで、体重は約7トンであり、スピノサウルスは約15mで、体重約8トンであるため、体の大きいスピノサウルスが勝つという設定だったと思う。

ただ、このシーンは、現実にはありそうもない。それは、彼らの棲んでいる場所と時代がまったく異なるという、ありきたりの議論ではない。先ほども述べたように、ティラノサウルスは、他の獣脚類とは別格の存在なのである。少しくらいの大きさの違いはまったく関係がない。

ＣＴ撮影の方法を古生物学に持ち込んだ、オハイオ大学のローレンス・ウィットマーによれば、ティラノサウルスは両眼視ができて、立体視ができた可能性が高いという（次頁・図8）。両眼視ができるということは、白兵戦において、抜群の強さを生み出す。数十メートル以内の白兵戦では、両眼視ができて相手の距離を正確に認識できる方が、圧倒的に有利になるからだ。ティラノサウルスの大脳皮質の視覚野は大きく広がっており、立体認識ができたということだろう。瞬時に相手の位置を認識して、防御態勢を取れることになる。

じつは、両眼視ができたからといって、立体視ができたことにはならない。両眼の重複部分の視覚情報を大脳の視覚野で再構成して、立体的なイメージをつくる必要がある。ということは、立体視をするためには、大脳の視覚野が十分に機能を果たせるような大きさを持っている必要がある。恐竜の脳の全体的な再構成には、ＣＴ撮影やＭＲＩを駆使する必要があり、この分野のパイオニアが、ローレンス・ウィットマーである。

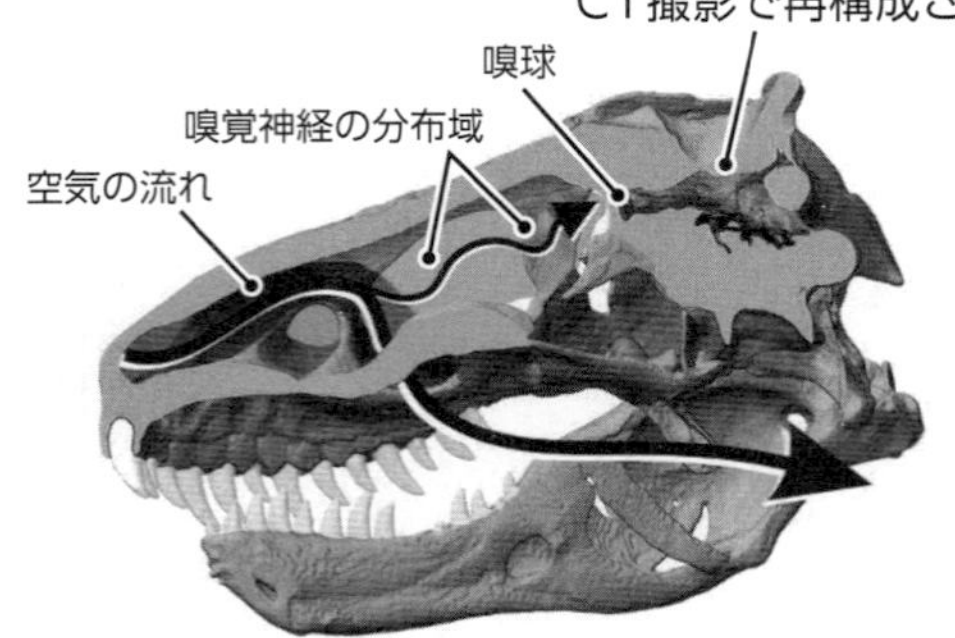

ローレンス・ウィットマー

図8 CT撮影で再構成されたティラノサウルスの脳(＊36)

ローレンス・ウィットマーは恐竜の脳の再現を目指して、CTやMRI撮影の技術を古生物学に導入した。その結果、ティラノサウルスの大脳皮質には十分な広さの視覚野があり、両眼視で得られた視覚の情報を再構成して立体視できたことが確かになった。また広大な嗅覚神経の分布域と大きな嗅球があり、すぐれた嗅覚を持っていて、数キロ先の草食恐竜の匂いを嗅ぎつけることができたことがわかった。

獣脚類が両眼視できるようになったのは、白亜紀後期になってからのようだ。この時期に北米大陸で大きく繁栄したのは、大型獣脚類としてティラノサウルス、小型獣脚類としてトロオドン(＊37)である。

白亜紀末期には、北米大陸でティラノサウルスとトロオドンが優勢になり、他を圧倒したのは偶然ではない。どちらも立体視できる脳と頭骨の構造をしているのだ。他の獣脚類はまったく歯が立たなくなったのではないかと思う。白兵戦ではまったく勝負にならないという状態だっただろう。

白亜紀に北米大陸でティラノサウルス科の獣脚類が大型化すると、他の大型獣脚類は急速に姿を消したはずだ。これに対して、ティラノサウルス科のいなかった南米では、アロサウルス(＊19)の近縁のマプサウルス(＊34)などが繁栄できたと思われる。

実際には、ティラノサウルス・レックスが白亜紀末期に出現した時点で、北米では獣脚類同士の一騎打ちはなくなったはずだ。ほとんどすべての勝負でティラノサウルスが圧倒するからだ。もしティラノサウルスの姿を先に見つけたら、一目散に逃げるか、死を覚悟して戦いを挑むかのどちらかの選択になっただろう。また、同じ程度の体格のオスのティラノサウルス同士が、メスの取り合いで戦いになることはありえただろう。

繰り返すが、ティラノサウルスは、一度噛みつけば、一撃必殺である。体のどこであっても、噛みつけば骨まで粉々になるのは確実である。したがって、『ジュラシック・パークⅢ』でも、本来であれば、ティラノサウルスがスピノサウルスに最初に噛みついた時点で、ゲームオーバーになるはずである。

また逆に、スピノサウルスが最初に噛みついたとしても、スピノサウルスの噛む力では、ティラノサウルスの骨まで粉々にできないから、一撃必殺で倒すことはできなかっただろう。すぐにその場で白兵戦になって、ティラノサウルスがスピノサウルスの体のどこかに噛みつき返せば、そこでジ・エンドになる。

(6) 後期獣脚類との比較――内温性と外温性

初期獣脚類は、低酸素で酷暑の三畳紀に棲んでいたから、内温性に移行する生理的な理由がほぼなかった。しかしジュラ紀中期以降になると、裸子植物の大森林が地球を覆うようになった。

この頃のただ1つの大陸、パンゲア大陸の内陸部は、乾燥地帯で、三畳紀まではところどころにしか森林が育たなかった。しかし気候が安定するジュラ紀中期以降、もともと乾燥に強い裸子植物が、大森林を広げた。裸子植物は、花粉を風で飛ばして受粉するために、コケ植物やシダ植物のように受精に水が必要なくなったからだ。だから内陸に広がる乾燥地帯でも、森林を広げることができた。

この大森林の中では、活発な光合成が行われ、大量の酸素を生産した。ジュラ紀後期には、酸素濃度は現在と同じ程度まで上昇した。気候は現在よりははるかに温暖ではあったが、三畳紀よりは冷涼化していて、四季もはっきりしていたはずだ。

このような気候では、内温性の動物が有利である。獣脚類は羽毛を装飾用から保温用に転用し、内温性を獲得していった。少なくとも小型獣脚類は、多くが羽毛を獲得して、内温性に移行した。

獣脚類が内温性に移行するのはあまり難しいことではあるまい。なぜなら彼らはスーパーミトコンドリア(＊5)を持っていたので、哺乳類や獣弓類よりもはるかに高いエネルギー生産能力を持っている。このエネルギーの何割かを、熱産生に振り向けるだけだ。

また、彼らはすでに装飾用の羽毛を持っていたことは間違いないだろうから、他のウロコを保温用に使って、内温性に移行できたに違いない。

実際に、発見された羽毛恐竜は、ジュラ紀後期以降が大部分である。三畳紀やジュラ紀前期にも一部、羽毛を持った恐竜が発見されているが、これらの羽毛の形態から、本当に保温用に使用されていたか怪しいものばかりだ。

運動性能と体温には明確な正の相関がある。内温性の動物を比較すると、運動性能が高いほど体温が高いという関係性は間違いなくある。この点については、第10章で詳しく述べるので、そちらを楽しみにしていただきたい。後期獣脚類は、保温用の羽毛を獲得することによって、初期獣脚類よりも高い体温を維持できるようになり、さらに高い運動性能を獲得した可能性がある。

たとえば、飛行能力を持つ鳥類の体温は、ほとんどが40℃以上であるから、ジュラ紀後期に羽毛を保温用に転用することによって、40℃付近の体温を獲得し、うち一部は飛行が可能になった可能性は十分にある。始祖鳥（アーケオプテリクス）（＊14）のように、実際に飛行能力を持ったと想定できる獣脚類が現れるのはこの頃である。

ひるがえって、三畳紀の初期獣脚類は外温性であるから、体温は40℃にはるかに及ばないレベルであったに違いない。

第3章　鳥が恐竜になる日

（1）鳥と獣脚類が別々になった日

初めての鳥とされる始祖鳥（アーケオプテリクス）（＊14）の化石が発見されたのは、1861年、ドイツのゾルンフォーフェンという町の採石場においてである。チャールズ・ダーウィンが『種の起源』を発表したのが1859年だから、ヨーロッパの科学界はダーウィンが提出した進化論の賛否で議論が沸騰していた時期だ。

進化論の話題で最も人々の興味を引いたのは、もちろん「ヒトはサルから進化したのか?」という話題だった。というのも、1856年にドイツでネアンデルタール人の頭骨の化石が発見され、ヒトとサルの中間形質(＊16)を示していたからだ。

　進化論を単純に当てはめると、「サル→ネアンデルタール人（中間形質）→ヒト」という進化の方向性が考えられた。キリスト教の規範を信じるヨーロッパの保守的な人々から見れば、何とおぞましい考え方だ、ということになる。

　始祖鳥の発見でもう1つ話題になったのは、鳥の進化についてだった。始祖鳥には鳥の形質と恐竜の形質が混ざっていたからだ。

　始祖鳥の化石を見た時、進化論を支持するか、反対するかによって、2種類の反応が可能だった。進化論に賛成の学者なら、「始祖鳥は、鳥が恐竜から進化する途中の中間形質」という進化の方向性を考える。単純に進化論に当てはめると、「恐竜→始祖鳥（中間形質）→鳥」と解釈するだろう。一方で進化論に反対の学者なら、「鳥と恐竜は別物」と解釈するだろう（表3）。この進化の方向性を正しいと見るか、キリスト教の規範を傷つけるおぞましい考え方と見るかで、表のような2つの考え方が生じる。

　鳥と恐竜はどのような関係なのか？

　最初に始祖鳥を鑑定したのは、トーマス・ハックスリーというイギリスの若い博物学者である。1860年代に彼は、始祖鳥と小型の獣脚類との数々の共通点を調べ上げ、始祖鳥は、

代表的な研究者	リチャード・オーウェン	ジョン・オストロム
時期	1860年代	1960年代
恐竜に対する考え	恐竜は、トカゲに近い 愚鈍な冷血動物	恐竜は、鳥に近い 行動的な、知能の高い 温血動物
鳥に対する考え	鳥と恐竜は別物	鳥は恐竜から進化した
進化論に対する態度	反対	支持

表3 **鳥と恐竜の関係の2つの考え方**

オーウェンとオストロムの考えは180度異なるが、基本には進化論に対する立場の相違がある。本章で進化論から話を始めるのはそのためである。

年代	鳥と恐竜の進化に関して	参考
1980年	ウォルター・アルバレスとルイス・アルバレスがKT境界層に高濃度のイリジウム(*41)が含まれることを発見	隕石落下のため恐竜は絶滅か?
1990年	フィリップ・カリーが書籍『恐竜ルネサンス』の中で「鳥は恐竜である」と記述	
1990年	メキシコのユカタン半島で隕石衝突の衝撃を受けた岩石を発見	隕石衝突はユカタン半島かも
1992年	メキシコのKT境界層で約300mの津波の痕跡を発見	隕石衝突で巨大津波が発生したかも
1992年	アメリカの人工衛星がユカタン半島に直径約200kmのチュクシュルーブ・クレーターを発見	隕石落下説で確定
1993年	スピルバーグ監督の映画『ジュラシック・パーク』公開	恐竜のビジュアルの大幅な変更
1996年	徐星が小型獣脚類・シノサウロプテリクス(*42)に羽毛を発見	獣脚類恐竜に羽毛
2004年	徐星がティラノサウルス科の大型獣脚類ユティラヌス(*43)に羽毛を発見	大型獣脚類にも羽毛
2009年	オコナー(*44)が後期獣脚類に気嚢を証明	獣脚類に気嚢
2021年	筆者が「鳥への進化はインスリン耐性から始まった」という新学説を発表(*4)	鳥と獣脚類の特徴はインスリン耐性である可能性

表4 獣脚類と鳥の進化に関する出来事と年代

1850年代から1860年代の20年間で、進化論、ヒトの進化、恐竜と鳥の進化に関して重要な出来事が次々に起こった。その後100年間は停滞した。恐竜と鳥の進化に関して、トーマス・ハックスリーの考えをもう一度掘り起こし、恐竜研究を大きく変えたのは、ジョン・オストロムである。この経過は、14世紀の北イタリアで、ギリシャ・ローマの文芸・芸術の復興を目指したルネッサンスと経緯が似ていたため、ロバート・バッカーは1975年の『サイエンティフィック・アメリカン』の論文で「恐竜ルネッサンス」と呼んだ。

年代	鳥と恐竜の進化に関して	参考
1831-1836年	ダーウィンが「ビーグル号」で航海	進化論の着想
1830年代	オーウェンが恐竜を鑑定	
1842年	オーウェンが「恐竜」と命名	
1851年	オーウェンの指導でロンドン万博・水晶宮で「恐竜」展示	トカゲのような復元（決定的な影響）
1853年		（日本に黒船来航）
1856年	ドイツでネアンデルタール人の化石を発見	
1859年	ダーウィンが『種の起源』を発表 欧州科学界で進化論に関して話題沸騰	ヒトはサルから進化したのか？
1861年	ドイツで始祖鳥の化石を発見	
1860年代	オーウェンが始祖鳥を鑑定	「鳥と恐竜は別の系統の生物」と主張
1860年代	ハックスリーが始祖鳥を鑑定	「鳥は恐竜から進化した」と主張
1868年		（明治維新）
（100年間）	「鳥と恐竜は別の系統の生物」というオーウェンの考えがパラダイムとして定着	「恐竜は愚鈍な冷血動物」が正論に
1964年	オストロムがモンタナでドロマエオサウルス科のディノニクス（*38）の大量の化石を発見	恐竜ルネッサンスの始まり
1960年代後半	オストロムが北米古生物学会でディノニクスを「飛べない鳥」と表現	「小型獣脚類は行動的な温血動物」
1960年代後半	ロバート・バッカーが北米古生物学会で恐竜温血動物説を発表：反響大	「恐竜はほとんどすべてが温血動物」
1975年	ロバート・バッカーが『サイエンティフィック・アメリカン』という雑誌で、新しい動物分類法を提案（*39）	「鳥は恐竜である」
1976年	筆者（中学3年）が初めて、『大恐竜時代』（*40）を読んで、生命科学を志す	筆者にとっての「恐竜ルネッサンス」

恐竜から鳥へ進化する途中の中間形質と結論づけた。彼は若い頃から進化論に傾倒し、生涯その支持者であり続け、ダーウィンの番犬といわれた人である。ただ当時としては、この意見はあまりに先進的すぎて、この時代の正論にはならなかった（前頁・表4）。

このトーマス・ハックスリーの意見に真っ向から反対したのが、1842年に恐竜（dinosaur）という名前を命名し、この時代の恐竜の研究をリードしていたリチャード・オーウェンである。リチャード・オーウェンは、ハックスリーよりも20歳ほど年上で、この頃すでにイギリス科学界の重鎮だった。

リチャード・オーウェンは、好き嫌いの激しい神経質な人で、とにかく進化論を毛嫌いした。もしかしたら彼は、進化論よりも、チャールズ・ダーウィンという個人を嫌っていたのかもしれなかった。オーウェンは、始祖鳥は正真正銘の鳥で、恐竜とは関係のない生物であると鑑定した。すなわち獣脚類と鳥には多くの共通点があるにもかかわらず、鳥と獣脚類は別物であるとしたのである。

すべての人々の頭の中にある恐竜のイメージは、オーウェンの影響を受けており、それが正しいと思い込まれていた。この後、多くの恐竜模型がつくられたが、オーウェンが主導した、1851年開催のロンドン万博の水晶宮で展示された復元模型の影響を受けなかったも

チャールズ・ダーウィン
(1809年−1882年)
イギリスの自然科学者。進化論を提唱した。

リチャード・オーウェン
(1804年−1892年)
イギリスの生物学者。進化論に終始反対した。

トーマス・ハックスリー
(1825年−1895年)
イギリスの生物学者。進化論を終始支持した。

図9 鳥と獣脚類が別物になった日

1840年から英国科学界で大きな発言力があったリチャード・オーウェンは、ダーウィンの進化論を葬り去るために、鳥が獣脚類から進化したというハックスリーの提案を封殺した可能性がある。オーウェンはダーウィンと友人だったが、その後、仲たがいをして、死ぬまで進化論を拒否し続けた。オーウェンの影響力は極めて大きかったので、鳥と恐竜は別系統の生物というのが正論となり、鳥と獣脚類の関係は議論されにくくなった。その考えはその後100年にわたって、専門家だけでなく一般の人々の常識でもあり続けた。この間、多くの化石の発見があったが、この「パラダイム」に疑いを述べる研究者はいなかった。すべての人々の頭が「パラダイム」に支配されていたからである。

のはなかった。1830年代に恐竜の鑑定を行ったオーウェンは、恐竜が、鳥よりも爬虫類（特にトカゲ）に近く、冷血動物だったと考えた。そのため、ロンドン万博・水晶宮の恐竜モデルは、ほとんどトカゲの姿に近かったのだ。人々の恐竜のイメージに対して、ロンドン万博の与えた影響は大きかった（前頁・図9）。

トーマス・クーンはその著書『科学革命の構造』（みすず書房、1971年）の中で、ある時代の大部分の人々のイメージ・見方を規定する「科学的な考え」を、専門用語で「パラダイム」と呼んだ。オーウェンの恐竜に対する考えは、正しくパラダイムで、100年以上の間、多くの人々の恐竜に対するイメージを支配していた。

「パラダイム」がやっかいなのは、「パラダイム」が正しいと思っている多くの人々が、合理的な根拠もなしに、「パラダイム」を信じているということに気づいていないことだ。人々の思考が「パラダイム」に支配されていることは、パラダイムの外側に飛び出した人には明確にわかる。1964年当時、ジョン・オストロム（後述）はこの真実を理解した。

パラダイムに大幅な修正が起こる時、これを「パラダイムシフト」と呼ぶ。この章はまさしく「パラダイムシフト」の物語なのである。恐竜ルネッサンスは1つの典型的なパラダイムシフトである。

（2）恐竜ルネッサンス

鳥と獣脚類が関係のない生物とされたまま１００年が経過し、オーウェンがつくった「パラダイム」が崩れ始める時がやってきた。１９６４年になって、アメリカの古生物学者、ジョン・オストロムが、ドロマエオサウルス科の獣脚類ディノニクス（＊38）の大量の化石を発見したのだ。

彼は最初、骨格があまりに鳥と似ているため、鳥の化石を発見したと思ったほどだった。30以上の鳥との骨格上の共通点を詳しく調べ上げ、ディノニクスを「飛べない鳥」と表現し、「恐竜ルネッサンス」が始まった。「パラダイムシフト」の始まりである。

オストロムは、少なくとも一部の小型獣脚類は温血動物であって、鳥と同等か、またはそれ以上の運動性能を持っていると主張した。彼の論点は、鳥と獣脚類は極めて近縁の生物で、鳥は獣脚類から進化したということだった。

この結論は、１００年前にトーマス・ハックスリーが辿（たど）り着いた結論とほとんど同じだった。と同時に、オーウェンのつくった「パラダイム」に公然と反旗を翻（ひるがえ）したことになった。

さらにオストロムは、ディノニクスは羽毛を持っていた可能性が高いとも述べた。その当時、羽毛は鳥だけが持っているものだという考えが支配的だった。ましてや恐竜なんかに羽毛があるはずがないと思うのは当然だった（図10）。オストロムはこの常識にも挑戦したのだった。

北米古生物学会でのオストロムの発表に対して、一部の賛成と大部分の反対意見が起こり、議論は沸騰した。オストロムによる鳥とディノニクスとの比較研究は、緻密（ちみつ）で反論の余地はなかったが、「ディノニクスは飛べない鳥だ」という結論は、パラダイムに支配されていた大部分の研究者には受け入れがたかった。

オストロムが１９７４年の「Evolution」に出した論文（Ostrom JH. REPLY TO "DINOSAURS AS REPTILES". Evolution. 1974 Sep;28(3):491-493. doi: 10.1111/j.1558-5646.1974.tb00776.x. PMID: 28564837.）は、かつてオーウェンがつくった「恐竜はトカゲのような冷血動物」という常識への挑戦状のようなもので、少数の賛成者とともに、多くの反対意見を生んだ。

彼は「恐竜は爬虫類ではない」と述べたのだから、学会の中で大きな逆風にさらされたことは容易に想像できる。オストロムの学説に反対を唱える保守的な古生物学者は、世間に正論と認められていた「パラダイム」をバックにしているのだから、根拠もない強い自信をも

ジョン・オストロム

ロバート・バッカー

図10 恐竜ルネッサンスを始めた2人

1960年代後半、オストロムが「ディノニクスは飛べない鳥だ」と表現して、鳥は小型獣脚類から進化したという学説を北米古生物学会で発表し、賛否両論で議論が沸騰した。ちょうどこの頃、バッカーがイエール大学のオストロム研究室の大学院生として進学してきた。オストロムはバッカーの聡明さを愛し、自身の研究のアイデアを彼に惜しみなく与えた。バッカーはオストロムの考えをすみやかに吸収し、自分のものとした。バッカーはオストロムを超えて、さらに先に行く野心と大胆さを持っていた。彼はオストロムの仮説を大きく一般化し、「恐竜のほとんどが温血動物だった」と北米古生物学会で発表した。

って、情け容赦のない意見を浴びせたに違いない。いつも温厚なオストロムがどのように反論したのだろうか？　筆者もその学会の会場にいて、どのような状況だったのか確認したいと思うほどだ。常識に最初に疑義を述べる人は、いつでも多くの反対意見を覚悟する必要があるということだろう。

オストロムは慎重な人だったので、結論を過度に一般化して述べることはなかった。彼の結論は、「ドロマエオサウルス科の小型獣脚類」という限定がついたものだった。ただしオストロムの研究自体は緻密なものだったので、専門家の間では高く評価され、彼自身は、大きな変化が起こる「予感」を感じたはずだ。「恐竜に関するオーウェンのパラダイムは、近いうちにひっくり返るだろう」という予感である。

そんなオストロムの前に、彼の「予感」を現実のものにするのに最適の男が現れた。ロバート・バッカーである。バッカーこそが、オーウェンのつくった常識に、大ナタを振るったのだった。1975年にバッカーが書いた『サイエンティフィック・アメリカン』の論文「恐竜ルネッサンス」は、アメリカだけでなく、全世界で話題となり、恐竜動物は温血だという仮説は全世界に拡大した。

これにより学会の枠を超えて、一般の恐竜愛好家にも、賛成と反対が入り混じった大きな議論が巻き起こり、すぐに「恐竜ルネッサンス」は一般の人々の間でも大きな反響を呼んだ。素人も専門家もこの議論に参加し、その議論の中心には、いつもオストロムとバッカーがいた。

さらに、1976年に、バッカーの盟友、アドリアン・J・デズモンドは、『大恐竜時代』(原題は『THE HOT-BLOODED DINOSAURS』)(＊40)という書籍を出版し、「鳥は恐竜である」というところまで述べ、全世界に衝撃を与えた。

今の言葉でいえば、「バズった」ということだろう。このバズり方は半端なものではなかった。何せ、まだ20代だったデズモンドの書いた本は、英米圏だけでなく、日本語にも翻訳され、1976年に岩手県の田舎の小さな本屋で前列の方に並び、筆者の目に留まったのだ。この本との出会いがなければ、筆者は本書を書いていない。

バッカーは、1980年代に、この仮説を、一般向けの書『恐竜異説』(＊45)にして、発表した。

バッカーは強烈な「恐竜温血動物説」の推進者で、ドロマエオサウルス科の獣脚類ばかりでなく、他の大部分の恐竜も羽毛を持っていたと主張した。バッカーにとって、恐竜が温血動物であるという大胆な仮説を正当化するためには、羽毛という手段が最も効果的だった。

恐竜ルネッサンスが大きく展開する中で、少なくとも小型獣脚類に限っては、保温のために羽毛を持っていてもおかしくはないという考えは支持者を増やした。少なくとも恐竜マニアの一般の人々の間に、バッカーの支持者が大きく広がったのは間違いない。

しかしながら、バッカーは、強烈な個性の持ち主だったことに加え、証拠が断片的なのに、過度の一般化を行う傾向が強く、その意見に反感を持つ研究者も多かった。

たとえば、ゾウに体毛がほとんどないのと同じように、大型獣脚類は羽毛がなくても保温できる可能性を指摘し、バッカーの意見に反対する学者も多かった。１９８０年代には、「小型の獣脚類の一部では、内温性であった可能性が高いが、大型恐竜では内温性でなかった可能性が高い」という意見が、専門家の間では支配的だった。

(3) 鳥は恐竜である

日本の中学校の理科の教科書の第2分野（生物・地学）では、脊椎動物の分類について、長年、以下のように教えてきた。

「脊椎動物は魚類、両生類、爬虫類、鳥類、そして哺乳類に分類される。そして恐竜は爬虫類の1つのグループである」

オストロムは、1974年の論文で、この世間に受け入れられている常識的な考えに対して異議を述べたのである。すなわち、恐竜は爬虫類の1つのグループとして扱うべきではないと彼は述べたのだ。

彼は、獣脚類のドロマエオサウルス科の近縁の獣脚類から、ジュラ紀に鳥が分かれたと考えた。そのため、恐竜と鳥を系統樹の中でどのように記述するのか、変更する必要性が生じた。

彼が提示した最も単純な解答は、恐竜を1つの独立したグループとして扱うことだった。すなわち脊椎動物は、魚類、両生類、爬虫類、恐竜類、鳥類、そして哺乳類という分類だ。しかし、恐竜ルネッサンスがさらに進行すると、恐竜と鳥の距離が極めて小さくなったのである。すなわち、「鳥は恐竜である」という意見が大勢になりつつあったのである。

鳥と獣脚類が限りなく近づくと、さらに鳥の系統分類を見直すべきだという意見が当然出てくる。こうして、脊椎動物の分類は、魚類、両生類、爬虫類、恐竜類（鳥を含む）、そして哺乳類という先鋭的な分類法が提案された。この分類法は、「鳥は恐竜である」と述べていて、保守的な古生物学者たちにさらに衝撃を与えた。

1975年、ロバート・バッカーは、『サイエンティフィック・アメリカン』という雑誌で、「鳥は恐竜である」と述べて、「恐竜は爬虫類の一部」というリチャード・オーウェンのパラダイムに基づいた系統分類学を全面的に否定した。

イギリスの大衆紙『サンデー・タイムズ』は、「鳥は恐竜だという驚くべき学説が現れた。バッカーが提案した新しい動物分類法は、聖書の改訂にも比すべき議論を巻き起こすだろう」と述べた。実際に、バッカーの論文は大きな議論を巻き起こした。

ただ、その後研究が進み、バッカーの先鋭的な学説は、1990年代には、少なくとも古生物学者の間では常識になりつつあった。

たとえばフィリップ・カリーは、鳥を恐竜の一部だと論文でも述べている（＊47）。すると、恐竜は絶滅していないということになる。鳥が恐竜だからだ。KT境界で起こったことは、鳥以外の恐竜がすべて絶滅したということだ。

この考えに基づいて、「鳥は恐竜である」という新しい常識が生まれた。現在、多くの専門家はこの意見を支持している（図11）。

グラント博士のモデル
フィリップ・カリー

グラント博士を演じた俳優
サム・ニール

図11 鳥は恐竜である（*46）

フィリップ・カリーは1990年、書籍『恐竜ルネサンス』の中で、「恐竜は絶滅していない。鳥は恐竜である」と述べた。1993年に公開されたスピルバーグ監督の映画『ジュラシック・パーク』のグラント博士のモデルになったのは彼である。またこの映画の中で登場した「ラプトル」は、まさしくオストロムが考えたディノニクス（*38）の姿（飛べない鳥）である。

（4）『ジュラシック・パーク』の破壊力

恐竜に関するパラダイムが映画に強く影響を与えることがある。たとえば『ゴジラ』である。１９５４年に発表された『ゴジラ』は、この当時の恐竜に対するイメージを具現化したものだった。「恐竜は愚鈍な冷血動物である」というパラダイムに支配されていた時代だったのだ。

ゴジラの動きは、恐竜は鈍い動きしかできず、図体だけがでかい冷血動物というイメージにそったものだった。恐竜はトカゲと同じように冷血動物だった。だからゴジラはゆっくりと歩いて、その動きはほとんどスローモーションのようであった。

誰もこのパラダイムを疑う人はいなかった。これがパラダイムの力だ。

私が少年の頃（１９６０〜70年代）に見た恐竜図鑑では、ティラノサウルスは、ゴジラと同じような姿勢だった（図12）。ゴジラ型の姿勢では、ガニ股のような歩き方になり、持続的な高速走行は不可能である。

１９８２年４月に東大に入学してすぐに、上野の国立科学博物館を訪れた。玄関ホールに

1980年代までの復元骨格

1990年代以降の復元骨格

図12 ティラノサウルスの全身骨格の変化

1980年代までの復元骨格は、背骨が立っていて、尾をひきずっていた。1990年代以降、背骨が水平化されたものが大部分を占めた。足元の構造が大きく異なっていることに注意。古い復元骨格は、足の３本の指が全面で地面についているため、ゆっくりとしか歩けない。新しい復元骨格では、地面についているのは３本の足の指先だけで、残りは地面から浮いている。ダチョウと同じように後ろ足の３本の指先だけで立っているのである。新しい復元骨格では、高速走行をする活動的な温血動物を想定しているのである。

あったのはティラノサウルス科の獣脚類であるタルボサウルスの等身大の全身骨格だった。このタルボサウルスはゴジラと同じように背骨が立っていて、尾をひきずっていた。もしこれが歩き出すとしたら、ゴジラのような歩き方しかない。

骨盤から大腿骨が少し斜めに出ていて、右足を踏み出せば、右の肩が前に出て、また左足を踏み出せば、左の肩が前に出るという歩き方である。この歩き方では、一歩踏み出すたびに背骨が左右に振動することになり、高速走行はできない。

また背骨が左右に揺れるから、歩くたびに肺が圧迫を受けることになる。このタルボサウルスは、呼吸と運動が完全には分離していなかったことになる。

恐竜に関する分野では、学説や論文だけでは大きなインパクトは与えられない。映画などに強く影響を受ける。映画の影響でここ30年で大きくイメージが変化した恐竜として、ラプトルを含むドロマエオサウルス科の獣脚類がある。

恐竜が活動的な温血動物であるという考え方が世界基準になったのは、1993年だと思う。この年にスピルバーグ監督の映画『ジュラシック・パーク』が発表されたからだ。

この映画のラプトルは高い運動能力があった。時速60km以上で長時間走行し続け、10m以上のジャンプをする姿は本当に刺激的だった。それまで多くの人が持っていた恐竜に対するイメージを一変させるのに十分だった。

ラプトルの走行姿勢は当時としては斬新だった。頭から背骨、そして尾まで、水平方向に一直線になっていて、骨盤を起点としてそれらが腱でつながれている構造を基本として導き出された走行姿勢である。この映画の中で、ラプトルは、呼吸と運動が完全に分離したと理解できる。

この走行姿勢は、1964年にオストロムが考えた姿勢とほとんど同じで、この映画のアドバイザーだった恐竜学者のジャック・ホーナーのアドバイスによるものだろう。

『ジュラシック・パーク』のラプトルの走行姿勢は、「恐竜ルネッサンス」の勝利宣言だったように思う。当時としては先進的な恐竜研究の成果を取り入れたものだった。

しかし足らないパーツがあった。それは「羽毛」である。

1992年当時としては最先端の恐竜に関する学説を取り入れて制作された『ジュラシック・パーク』においてさえ、温血動物だったことは想定されていたが、羽毛は想定されておらず、ウロコに覆われた外観だった。

1960年代に、すでに恐竜に羽毛を想定していたオストロムとバッカーが、いかに先進的だったかは、このことだけで理解できるだろう。映画の科学アドバイザーだったジャック・ホーナーは、恐竜が卵を抱いていたことを発見し、恐竜温血動物説の推進者であったから、ラプトルには羽毛があったに違いないということを、スピルバーグ監督に進言したに違いないと筆者は推察する。

しかしあの「新しもの好き」のスピルバーグ監督でさえ、ラプトルを羽毛恐竜として登場させなかった。彼自身が「羽毛恐竜」を受け入れられなかったからだろう。もう1つの理由は、この時まだ羽毛に覆われた獣脚類が発見されていなかったからでもあるだろう。

しかし、羽毛をまとった恐竜が発見されたのは、この映画のわずか3年後であった。

1996年に、羽毛恐竜・シノサウロプテリクス(＊42)が発見されて、恐竜のイメージは『ジュラシック・パーク』を超えてさらに大きく変わった。すなわち、ラプトルなどの小型獣脚類は、羽毛を持ったものとして理解されるようになった。特にドロマエオサウルス科の獣脚類は、鳥と最も近縁の獣脚類とされているから、復元画も鳥に似たものになってくるのは当然である。最近では、全身が羽毛に覆われた、ほとんど鳥と見まがうような復元画がメインである。

ドロマエオサウルス科の獣脚類は、限りなく鳥に近くなったのである。

（5）羽毛の発見

１９９０年代以降、恐竜ルネッサンスは、羽毛と気嚢という直接証拠を中心に展開することになる。というのも、鳥と獣脚類には多数の骨格上の類似点があるというだけでは、オーウェンがつくったパラダイム（鳥と恐竜は別物）を崩すには不十分だったからだ。

恐竜ルネッサンスを完結させるためには、羽毛と気嚢に関して直接証拠が必要だった。すなわち、恐竜が羽毛と気嚢を持っていることを証明することが必要だった。

「恐竜は保温用の羽毛を持っていた」というオストロムやバッカーの議論への直接証拠が、中国から現れた。１９９６年、徐星（じょせい）という研究者が中国東北部の遼寧省（りょうねいしょう）で発見した、シノサウロプテリクス（＊42）という小型獣脚類の化石には、きれいな羽毛が残っていたのである。

この報告は、すぐさま世界中でビッグニュースとなり、研究者のみならず、一般の人々にも大きな反響を呼び起こした（次頁・図13）。

その後、次々に羽毛恐竜が発見され、現在では30種類を超える恐竜が、羽毛を持っていると報告されている。その大部分は中国での発見である。

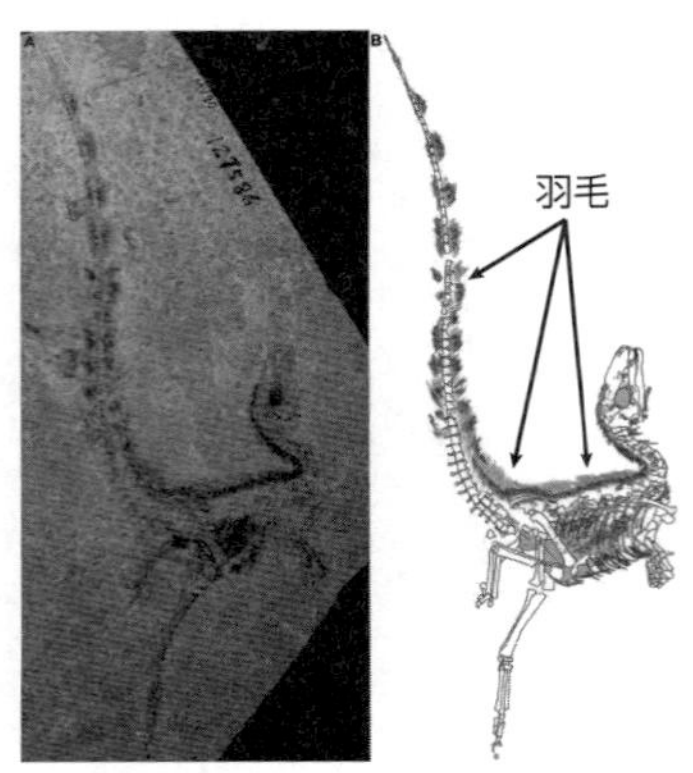

シノサウロプテリクス（1996年発見）

徐星：シノサウロプテリクスの発見者

図13 鳥が獣脚類になった日（*48）

1996年の徐星の発見によって、鳥は恐竜になったと見てよい。羽毛と気嚢は鳥だけが持つとされてきたが、徐星の発見でこの一角が崩れ、鳥と獣脚類は多くの性質を共有していることが広く認識されるようになった。徐星はその後、多くの羽毛恐竜を発見し、恐竜研究のビッグネームになった。また中国とモンゴルは、アメリカとカナダとともに恐竜研究の中心になった。

さらに徐星は、体長9mの大型獣脚類であるユティラヌス(＊43)に羽毛があったことを報告した(98頁・表4)。そして白亜紀前期当時の遼寧省の気候が比較的寒冷で、羽毛が体温を維持する役割を担っていた可能性を指摘した(＊49)。ユティラヌスという大型獣脚類はティラノサウルス科であったため、ティラノサウルス・レックスも羽毛で覆われていた可能性まで出てきた。

ユティラヌスという大型獣脚類が保温用と思われる羽毛を持っていたことは、少なからず驚きをもって迎えられた。というのも、多くの研究者は、小型獣脚類は内温性だったかもしれないが、大型獣脚類はたぶんそうではないと考えていたからだ。ユティラヌスが発見されてからは、羽毛に覆われた復元画が広まった。それほど徐星による羽毛恐竜の発見は、恐竜学のビジュアルを根本から変えてしまったのだ(＊48)。

特に羽毛の生えたティラノサウルス・レックスの登場は、その象徴的な出来事だった。また白亜紀の小型獣脚類の復元画の多くは、羽毛に覆われた鳥にそっくりの姿にするのが一般的である。

現在では、羽毛の生えたティラノサウルス・レックスが当然のようになりつつある。最近ではNHKでも、ティラノサウルス・レックスは羽毛を持つ恐竜として登場している。

種名	科名	時期	場所
コンカヴェナトル	アロサウルス	白亜紀前期	スペイン
アヴィミムス	マニラプトル	白亜紀後期	モンゴル
シュヴウイア	アルヴァレスサウルス科	白亜紀後期	モンゴル
ノミンギア	オヴィラプトル	白亜紀後期	モンゴル
ヴェロキラプトル	ドロマエオサウルス	白亜紀後期	中国
オルニトミムス	オルニトミムス	白亜紀後期	アメリカ

表5 羽毛を持った獣脚類の種類と時期

羽毛を持った獣脚類が報告されているのは、ジュラ紀後期以降であることに注意。他に鳥盤類（恐竜類に属する爬虫類の一群）で羽毛を持っているものが数種類報告されている。最近は、始祖鳥（アーケオプテリクス）(*14) は鳥の直接の先祖とは見なされていない。これらの獣脚類の大部分は内温性を獲得していたに違いない。また羽毛は化石になりにくいから、化石で羽毛を証明されていなくても、化石として見つかっていないだけで、多くの後期獣脚類は内温性を獲得していたとされる。たとえば、複数種が羽毛恐竜であることがすでに証明されているドロマエオサウルス科、マニラプトル科、オヴィラプトル科やティラノサウルス科の獣脚類の多くは、羽毛に覆われていた可能性が高い。この中で、ティラノサウルス科だけが大型の獣脚類を多く含む。また、この中に三畳紀からジュラ紀前期の獣脚類が1つもいないことは注目すべきことである。まだ内温性 (*23) を獲得していなかったからだろう。

種名	科名	時期	場所
アーケオプテリクス	不明	ジュラ紀後期	ドイツ
スキウルミムス	コエルロサウリア	ジュラ紀後期	ドイツ
シャオティンギア	アンキオルニス	ジュラ紀後期	中国
アンキオルニス	アンキオルニス	ジュラ紀後期	中国
アウロルニス	不明	ジュラ紀後期	中国
シノサウロプテリクス	不明	白亜紀前期	中国
プロトアーケオプテリクス	ドロマエオサウルス	白亜紀前期	中国
シノルニトサウルス	ドロマエオサウルス	白亜紀前期	中国
ミクロラプトル	ドロマエオサウルス	白亜紀前期	中国
ディロング	ティラノサウルス	白亜紀前期	中国
ユティラヌス	ティラノサウルス	白亜紀前期	中国
カウディプテリクス	オヴィラプトル	白亜紀前期	中国
ベイピアオサウルス	テリジノサウルス	白亜紀前期	中国
スカンソリオプテリクス	スカンソリオプテリクス	白亜紀前期	中国
イークシャノサウルス	マニラプトル	白亜紀前期	中国

現在までに30種類以上の羽毛恐竜が発見され、鳥と獣脚類は同じグループの生物であるという考えが広まった。鳥と構造が最も近いドロマエオサウルス科などは、ほとんどが羽毛を持っていたのではと思う（前頁・表5）（＊47）。

（6）気嚢の発見

鳥だけが持っているとされる形質には、羽毛に加えて、気嚢（＊7）がある。気嚢は大きなガス交換能力を可能にし、卓越した運動能力を獣脚類に与えた。もし鳥と獣脚類が極めて近縁の生物であったなら、獣脚類が気嚢を持っていてもまったくおかしくないということになる。

獣脚類の主な骨格は中空化されていることは昔からわかっていた。たとえば本書に登場するコエロフィシス（＊2）やヘレラサウルス（＊30）は、最も古いタイプの獣脚類だが、彼らも中空の骨格を持っていた。軽量化するために中空になったと考えることも可能だが、彼らの高い運動性能を想定すると、気嚢が入り込んでいたはずだ（＊45）。

「恐竜が温血動物ならば、大量の酸素が必要で、この需要を満たすためには気嚢が必要であった」とバッカーは考えた。とはいえ、前にも述べたように、彼の研究は、結論が壮大なのに対して証拠が断片的である傾向が強かったため、反対意見も多かった。

「小型獣脚類は温血であった可能性は高いが、大型獣脚類は温血である必要がない」と考える研究者が多かったので、当然、これらの研究者は、気嚢も存在する必要がないと考えた。

アメリカの古生物学者、パトリック・オコナーの緻密で実証的な研究(＊44)は、これらの「議論のための議論」を一掃してしまうことになった。オコナーは、鳥と同じような気嚢が獣脚類にもあることを証明したのだ。

オコナーの研究で、大部分の獣脚類は気嚢を持っていたと、多くの研究者は考えるようになった。

2000年代に、多くの獣脚類に、鳥と同じような気嚢の構造が見つかった。

白亜紀に存在した後期獣脚類は、気嚢システムを持っていたことが明らかになった。ジュラ紀後期に存在したアロサウルス(＊19)も同じ特徴を持っていた。初期獣脚類も気嚢システムを持つ可能性が高まった。鳥だけが持っているとされた気嚢システムは、少なくとも後期獣脚類では、ほぼ鳥と同じような形で存在していたことが明らかになった。少なくとも白亜紀の後期獣脚類は、現在の鳥とほぼ同じ気嚢システムを持っていたのである(次頁・図14)。

気嚢システム

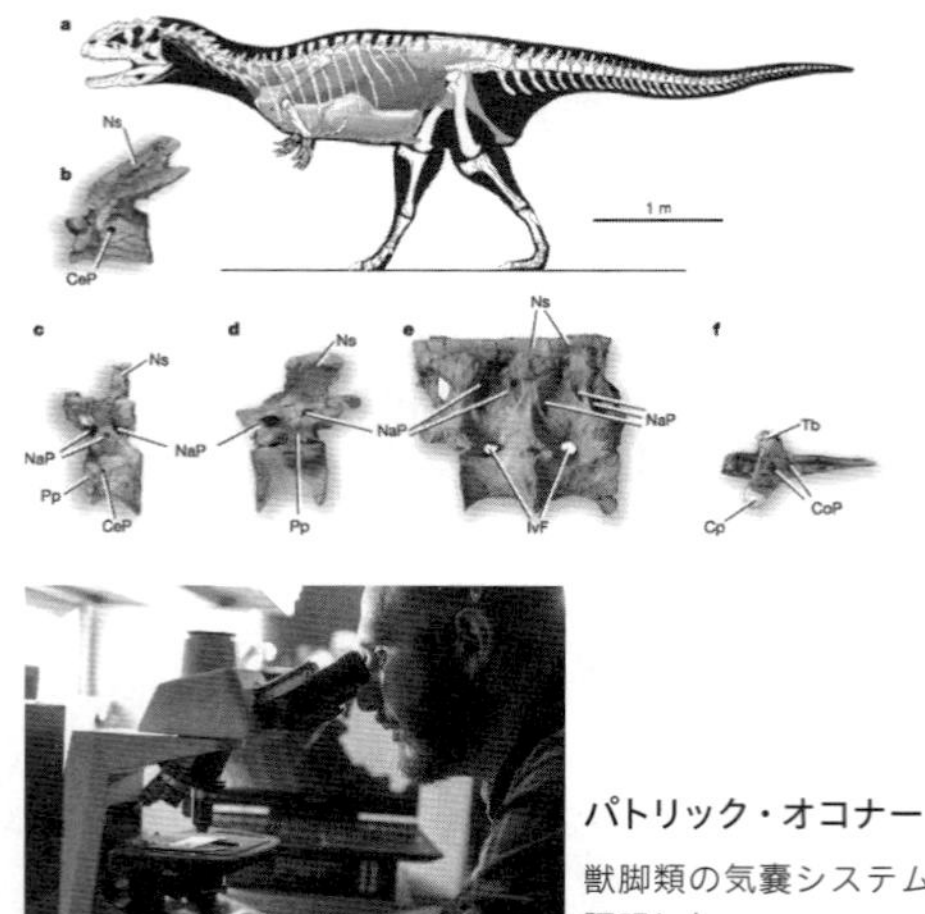

パトリック・オコナー

獣脚類の気嚢システムを
証明した

図14 後期獣脚類の完成された気嚢システム(*44)

白亜紀の獣脚類は、鳥とほとんど同じ気嚢システムを持っていた。多くの獣脚類で、鳥と同じところに気嚢が入り込んでいたと思われる穴があった。またそうした穴の他にも、高度に骨が中空化されていた。最近では多くの研究者が、ほとんどの獣脚類が気嚢を持っていたと考えている。

図のaはマジュンガサウルスの全身骨格、b～fは背骨の化石(頸椎、胸椎、腰椎、仙骨、尾椎)である。背骨には神経、気嚢、血管などが通過する多くの穴が見られる。この中でCeP、NaP、CoPは、気嚢が背骨の中空に入り込むための穴である。マジュンガサウルスは白亜紀末期の獣脚類のため、化石がきれいに残り気嚢の穴が見えるが、三畳紀の初期獣脚類の化石はきれいに残っておらず穴は明瞭に見られない。ただ大きな骨の多くが中空化されているため、そこに気嚢が入っていたと想定される。

現在では、三畳紀に存在した初期獣脚類を含め、大部分の獣脚類が気嚢を持っていたという考えが主流である。

羽毛と気嚢は、つい20年前まで、鳥だけが持つシステムであると考えられていた。鳥だけの性質だと思われてきた羽毛と気嚢を獣脚類も持っていたことから、獣脚類と鳥は限りなく近い存在どころか、鳥は獣脚類になったのだ。

(7) 大絶滅の解明

生物の「種」は常に生まれ、そして絶滅している。種が絶滅することは、地球にとっては日常の、当たり前のことが起きているだけだ。

ただ、種の絶滅が一度に大量に起こることがまれにある。特に恐竜の絶滅は、劇的である。恐竜の存在をドラマチックにしているのは、この絶滅の物語だ。数億年か数千万年に一度起こる。

最も有名な大絶滅は、約6600万年前に起きた（127頁・表6）。メキシコのユカタン半島の先端に直径10㎞の彗星（すいせい）が衝突して、恐竜が絶滅した。この時、生物種の約75%が絶滅した。恐竜だけでなく、翼竜や海にいる首長竜(くびながりゅう)やアンモナイトも絶滅した。地質学者はこれを、「KT境界(*12)」と呼ぶ。

地層のKT境界層の上と下とでは、掘り出される生物種がまったく異なっている。KT境界から上は新生代、下は中生代である。KT境界層は世界中で見つかる。KT境界層の中ではほとんど化石は見つからない。ほとんど生物がいなかったからだ。何か破滅的なことが全地球上で起こった証拠である。たとえば恐竜の化石は、KT境界層よりも下でしか見つからないのだ。もしKT境界層よりも上で見つかれば大発見だろうが、多くの人々が探したものの、今までのところ見つかっていない。

KT境界で何が起きたのか? この問題に対する解答は、すなわち、「なぜ恐竜は絶滅したのか?」という問題への解答でもあった。

1976年に発売された、当時としては先進的な『大恐竜時代』でさえ、「手がかりや証拠が乏しく、諸説が入り乱れている」と述べられている。「種族老化説」や「アルカロイド中毒説」や「超新星爆発説」など、様々な仮説が羅列されているだけだった。

KT境界の原因は、この本が出版されてからたった4年後に明らかにされた。

1980年に画期的な発見が、地質学者ウォルター・アルバレス(子)と物理学者ルイ

大絶滅	PT境界 (*11)	KT境界 (*12)
年代	約2億5千万年前	約6千6百万年前
地質	古生代と中生代	中生代と新生代
原因	ホットプルームの上昇	隕石の衝突
絶滅種	約95%（三葉虫など）	約75%（恐竜・翼竜など）
結果	恐竜の繁栄	哺乳類の繁栄

表6　2つの大絶滅（PT境界とKT境界）

PT境界とKT境界では、絶滅の規模がまったく異なる。KT境界は、数十万年で生物相は回復したのに対して、PT境界ではその後、数千万年も低酸素が持続した。KT境界でさえ、その威力は広島型原爆の約10億倍と推定されているから、PT境界はこれをはるかに上回るエネルギーが地球内部から放出されたはずである。PT境界の破壊は何もかも想像を超えた大きさだ。

ス・アルバレス（父）によってもたらされた（図15）。世界中のKT境界層に、イリジウム（＊41）という元素が高濃度に含まれていたのだ。

アルバレス親子は、全世界のKT境界層に含まれるイリジウムの量から、直径約10kmの彗星が地球に衝突した時に降り積もった量に相当すると計算し、さらにこの時の衝撃で直径約200kmのクレーターができたはずだと計算した。その後、北米のKT境界層の中に、高さ300m程度の津波の証拠が発見されたことから、この仮説には多くの賛同者が現れたが、直接証拠、すなわち直径200kmのクレーターがなかった。

1992年になって、アメリカの人工衛星が、メキシコのユカタン半島の先に、直径約200kmのチクシュルーブ・クレーターを発見した。このクレーターの周辺部のKT境界層には、高濃度のイリジウムが含まれていた。初めてKT境界の原因が、直径約10kmの隕石（いんせき）の衝突が原因であることが突き止められた瞬間だった。この隕石の衝突によって、鳥以外の恐竜は全滅したのだ。この大絶滅の後、中生代が終わって、新生代になった（前頁・表6）（＊50）。

とはいえ、本書の主題は、「なぜ恐竜が絶滅したのか？」ではない。著者の主たる興味は、「なぜ恐竜が出現したのか？」というものだ。2億5千万年前に起きた大絶滅（PT境界）から話を始める。

ルイス・アルバレス（親、左）とウォルター・アルバレス（子）

図15 KT境界を明らかにした親子（*50）

ウォルター・アルバレスは、中生代と新生代を分けるKT境界層より下の層には多数の恐竜の化石が出てくるのに、KT境界の上にはまったく現れないことから、KT境界の間に何が起こったのかに興味を持ち、世界各地のサンプルを集め、含まれる元素の組成分析を行った。その際、すでにノーベル物理学賞を受賞していた父親にその分析を依頼し、イリジウム（*41）が高濃度に含まれていることを突き止めた。通常イリジウムは地球の内部にしかない元素で、地表に高濃度に存在することはありえない。もしあるとすれば宇宙から飛んできたものだ。そこから、彗星が地球に衝突した、という仮説が1980年に提出された。この仮説は発表されるとすぐに多くの研究者が賛同した。

ＰＴ境界はＫＴ境界よりもさらに徹底したもので、95％以上の種が絶滅した。地層では、ＰＴ境界層を境にして、上は中生代、下は古生代である。ここを境にして、生物相が大きく変化した。世界中の海にいた三葉虫(さんようちゅう)は、この時に絶滅した。陸上では、獣弓類はほとんど絶滅した。

ＰＴ境界はなぜ起きたのか？

ピーター・ウォードによれば、ＰＴ境界を境にして、空気中の酸素濃度が30％から10％まで低下したことが、生物の大絶滅の原因であるという（＊51）。一方で、二酸化炭素濃度が０・03％から０・２％以上に増加した。この変化は、何によってもたらされたのか？

ピーター・ウォードのもともとの専門は、「頭足類（貝）の進化」である。貝殻は炭酸カルシウムの結晶でできているため、化石に残りやすく、生物進化の研究には最適の生物材料である。ウォードは、貝殻の形態の変化を最も強く引き起こしたのは、酸素濃度の変化であることに気がつき、低酸素が爆発的な進化を促すという新しい学説を発表した（＊51）。

ウォードの素晴らしいところは、研究成果を常に地球環境との関連で考え、成果を狭い範囲に留まらせないところにある。

ＫＴ境界の時は、宇宙から原因が飛んできたが、ＰＴ境界は地球内部で起こった「ホットプルームの上昇」によって引き起こされた（＊52）。

地球は3層からできている。一番外側の薄い膜（厚さ数キロメートル）がプレートで、1年に数センチずつ移動している。プレートのゆっくりとした移動は、その内側のマントルという厚い層が移動（マントル対流）しているためである。マントルは地球のコアで熱せられるため、熱対流を起こし、1年に数センチずつ、プレートが移動することになる。

ただ、数億年に一度、マントルの大きな塊がプレートに向かって上昇することがある。これは「ホットプルームの上昇」と呼ばれる。この時、地表ではマグマの噴出が広範囲で大規模に起こる。大陸1つ分がホットプレートになったようなものだ。

これにより大気中の酸素は急激に低下、二酸化炭素が急激に増加した。これが約2億5千万年前にシベリアで起こったのだ。「シベリアントラップ」と呼ばれる、西シベリア台地の洪水玄武岩は、この時に噴出して、溶岩が冷えて固まってできた岩石である。

ＰＴ境界の時には、パンゲア大陸の広範な部分からマグマが噴き上がり、パンゲア大陸の約半分が灼熱の世界になった。

ＰＴ境界の生物への影響は甚大だった。最も致命的だったのは、酸素濃度の低下と、それに続く、海からの硫化水素の噴出だと思われる（＊51）。三畳紀からジュラ紀中期までの数千万年の間、酸素濃度は10%程度だった。ＰＴ境界から数千万年間、生物は低酸素に見舞われたことになる。

この低酸素の時代に、獣脚類は地球上の覇権を握った。獣脚類が他の生物よりすぐれていたのは、その卓越した運動能力だ。その運動能力はどのようにして獲得されたのか？　これが本書の主題だ。

第II部

インスリンが織りなす新しい生物進化

第II部では「なぜ獣脚類は数千万年続いた低酸素を生き残ることができたのか？」という疑問を解くため、真核生物の生活環を見ながら、インスリン（＊27）の本来の働きに注目してみる。真核生物（現在の私たちを構成する細胞、＊55）が誕生した約20億年前にさかのぼり、インスリンと低酸素との関わりを考察する。真核生物は約20億年前に誕生してから、幾度となく低酸素に暴露され、その中をどう生き残るかが最も重要な課題だった。獣脚類は低酸素下での格闘の中から、最終的に鳥を出現させることになる。この進化のカギになったのがインスリンというホルモンである（＊4）。

第4章　インスリンで低酸素を生き残る

（1）1回目の細胞内共生——真核生物の出現

ミトコンドリア（＊53）は、酸素を使ってエネルギーを産生することに特化した細胞内小器官（＊54）だ（図16）。細胞の大きさを大体20～100ミクロン（1ミクロン＝0・001ミリメートル）とすれば、ミトコンドリアは1ミクロン程度で、バクテリアと同じくらいの大きさだ。

ミトコンドリアはいわば、「細胞内のエネルギー生産工場」みたいな役割で、エネルギーの大部分を生産する。

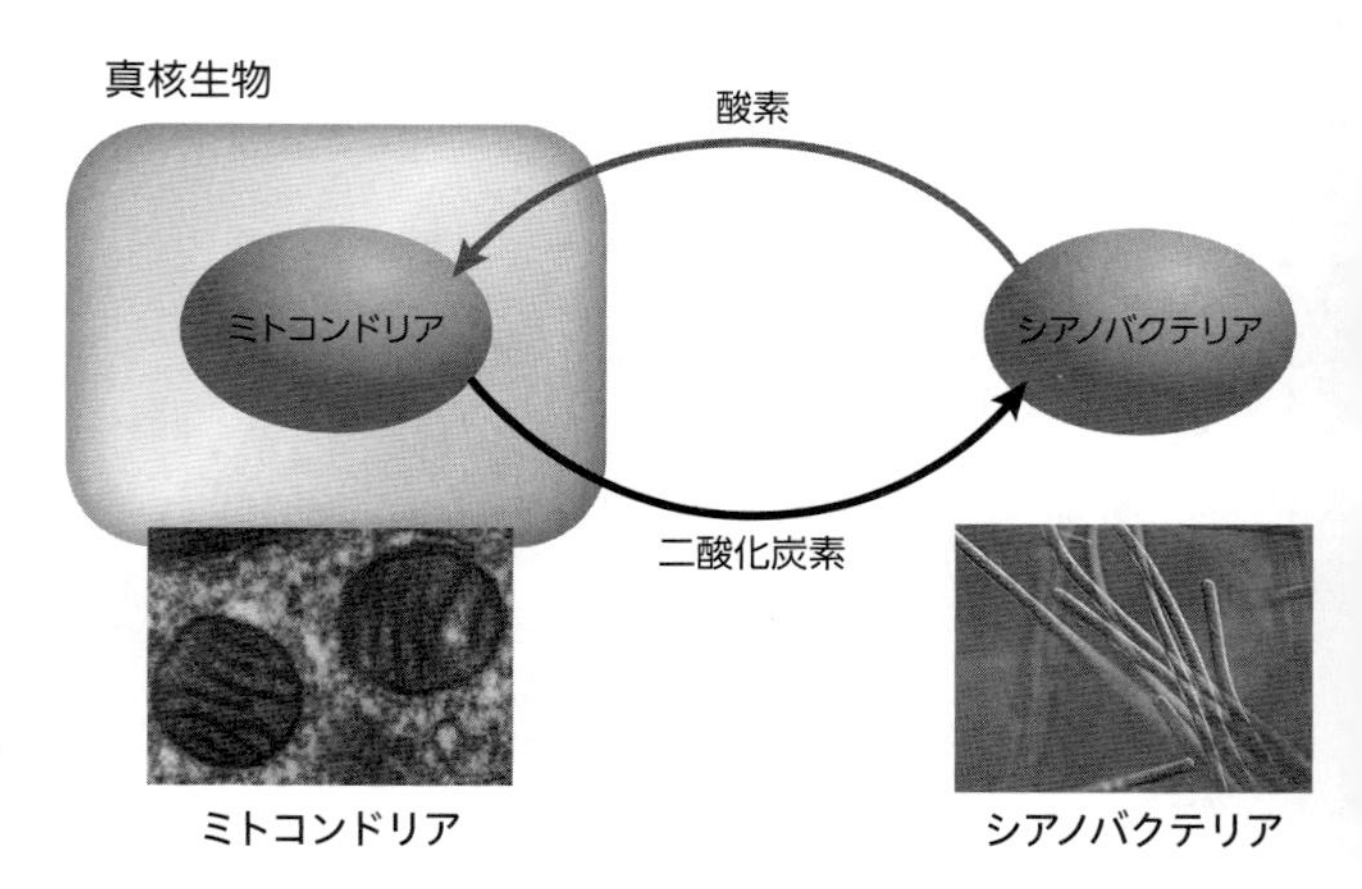

図16 真核生物とシアノバクテリア(*58)

細胞内にミトコンドリア(*53)が共生することによって、真核生物(*55)は、シアノバクテリア(*56)が生産した酸素を利用して多くのエネルギーを生産することが可能になった。一方、真核生物が排出した二酸化炭素は、シアノバクテリアの光合成に利用される。これによって、十分な光が届き、光合成を活発に行うことができる海洋の表層部分には、シアノバクテリアと真核生物の共生生息圏ができた。真核生物は酸素を大量に消費できるようになった。

ミトコンドリアは自身で遺伝子を持ち、自律的に増殖する。ミトコンドリアの共生で真核生物(＊55)が誕生し、生物の世界が一変した。もしミトコンドリアをバクテリアの一種とすれば、ミトコンドリアは遺伝子のコピー数という意味では、地上で最も成功したバクテリアである。

たとえば、エネルギー需要の大きい細胞の中には、数千以上のミトコンドリアが共生していて、細胞にエネルギー基質を供給している。このような背景から、アメリカの生物学者であるリン・マーギュリスは、半世紀以上前に「細胞内共生説」という学説を発表した。この新しい考え方が打ち出されたために、細胞生物学は大きく前に踏み出した。

約20億年前には、強い選択圧が生物に重くのしかかり、生き残るためにボディプランの変更を求められた。酸素濃度の急激な増加だ。20億年前の危機的な状況は、光合成をする能力を持ったシアノバクテリア(＊56)が引き起こした。シアノバクテリアは二酸化炭素を用いて、光エネルギーによって酸素を吐き出す。

シアノバクテリアが二酸化炭素を原料にして光合成を始めたのは約30億年前である。それから約10億年の間、シアノバクテリアは光合成で着々と酸素を生産し、少しずつ海中に蓄積させた。20億年前頃になって、海洋表面の酸素濃度が急激に増加し始めた。海中の酸素濃度の増加が、重い選択圧となって、すべての古細菌（＊21）にのしかかった。それまで多数を占めていた古細菌にとって、酸素は強い毒であり、生存の危機に見舞われた。生き残った古細菌は、酸素濃度の低い海底に移動した。

酸素濃度の増加に対応して、一部の真正細菌（＊57）（ミトコンドリアの先祖にあたる）は、酸素を使ってエネルギーをつくり出す「酸素呼吸」という新しいシステムをつくり出した。好気性細菌が初めて生まれたのだ。酸素呼吸は高いエネルギー生産能力を有していたから、卓越した運動能力を好気性細菌に与えた。

この細菌は、酸素を使ってエネルギーをつくり出し、活発に運動しながら、動きの鈍い古細菌を次々に食べて数を増やした。古細菌はほとんど運動能力がなかったから、ミトコンドリアの先祖に食べられ尽くす寸前だった。ここで進化の大転換が起こった。古細菌は、好気性の真正細菌を細胞の中に吸収して、真核生物（＊55）へと進化したのだ。細胞の中に取り込まれた好気性細菌がミトコンドリアになった。これが細胞内共生説（＊58）である。

真核生物においては、ゲノムの複製・維持を核が行い、エネルギーの生産はミトコンドリアが行うという、細胞内の分業システムが誕生した。ミトコンドリアは遺伝子の大半を失い、エネルギー生産に集中した。核はエネルギー不足を心配することなく、ゲノムの複製に集中した。真核生物はこの分業システムで、世界中の海を制覇することになった。

ミトコンドリアはエネルギー生産に集中することで、大量のエネルギーを供給した。多くのミトコンドリアを抱え、酸素を使ってエネルギーを生産できるようになれば、他の真核生物との生存競争に有利になる（135頁・図16）。

ミトコンドリアがエネルギー生産する能力はケタ違いだ。それに頼る方が、生存に有利になり、数千あるいは数万のミトコンドリアを抱える真核生物が現れ、これらが真核生物の主流になった。こうした真核生物が主流になると、酸素は生存に不可欠なものになる。細胞が運動能力を獲得すると、さらに酸素が必要になった。生物が運動能力を高めるには、細胞の中にミトコンドリアを多く抱えることが必要になった。

ただし、この選択は両刃（りょうば）の剣（つるぎ）である。酸素濃度が下がれば、真核生物の生存は非常に難しくなるからだ。実際に、真核生物が誕生した約20億年前から、たびたび低酸素に見舞われた。そのたびに真核生物は、絶滅の危機に陥った。

シアノバクテリアは、十分に光が届く、海面から数メートルから数十メートルまでの部分だけで生存できた。したがって、シアノバクテリアによる酸素濃度の増加は、この海面表層の部分にとどまった。海面から数十メートルより下の部分には、メタンや硫化水素などをつくる古細菌が主流であった。この部分には、酸素はまったくなく、どす黒い海だ。酸素を使ってエネルギーをつくり出す真核細胞は、当然この場所では生き残ることはできない。

この海の黒い部分にいる古細菌は、酸素濃度を下げる働きをするので、これが海面表層にも及ぶことで、真核生物は頻繁に低酸素に見舞われることになった。ミトコンドリアを多く抱え、その酸素消費に依存している真核細胞は、そのたびに生存の危機に陥った。

（2）低酸素と高酸素の繰り返し

現在の海では、地球表面の酸素濃度が高いために、古細菌の世界（繰り返しになるが、硫化水素やメタンが高濃度にあり硫化鉄のため黒い色をしている、酸素がほとんどない世界）は深海だけに存在する。探査された深海はほんのわずかしかないため、どの程度かはまだ不明であるが、深海には古細菌の世界が広がっている可能性が高い。

現在でも、この酸素濃度の極端に低い、黒い色の海が身近に存在する場所がある。ウクライナ、ロシア、ルーマニアやトルコに囲まれた黒海だ。なぜ「黒い海」という名前がついているのか？

黒海では、酸素濃度が高い青色の海は100m程度の深さしかない。そこから下の海にはほとんど酸素がなく、硫化水素やメタンが高濃度に存在するため、黒い色の海（古細菌の世界）が広がっている。このため「黒海」と呼ばれているのである。

もし酸素濃度が下がると、青色の海の部分が海面から数メートルしかなくなり、青色の海は海面に近い部分だけの、わずかなペラペラな平面になる。そこから下は古細菌の世界になることは十分にありうる。

実際にPT境界（＊11）直後には、このような海になって、海から噴き出した硫化水素がパンゲア大陸の内陸の奥深くまで覆った。これにより生物は呼吸ができなくなり、大部分の生物が死滅した。すなわち生物を壊滅させた真犯人は、海から噴き出た硫化水素だったのだ。これが、ピーター・ウォードが描いた大絶滅のシナリオの最終章だ（＊17）。

地球には頻繁に、このような低酸素による大絶滅が起こったと思われる。この低酸素による大絶滅にどのように備えるのかが、真核生物にとって重大な課題になった（図17）。

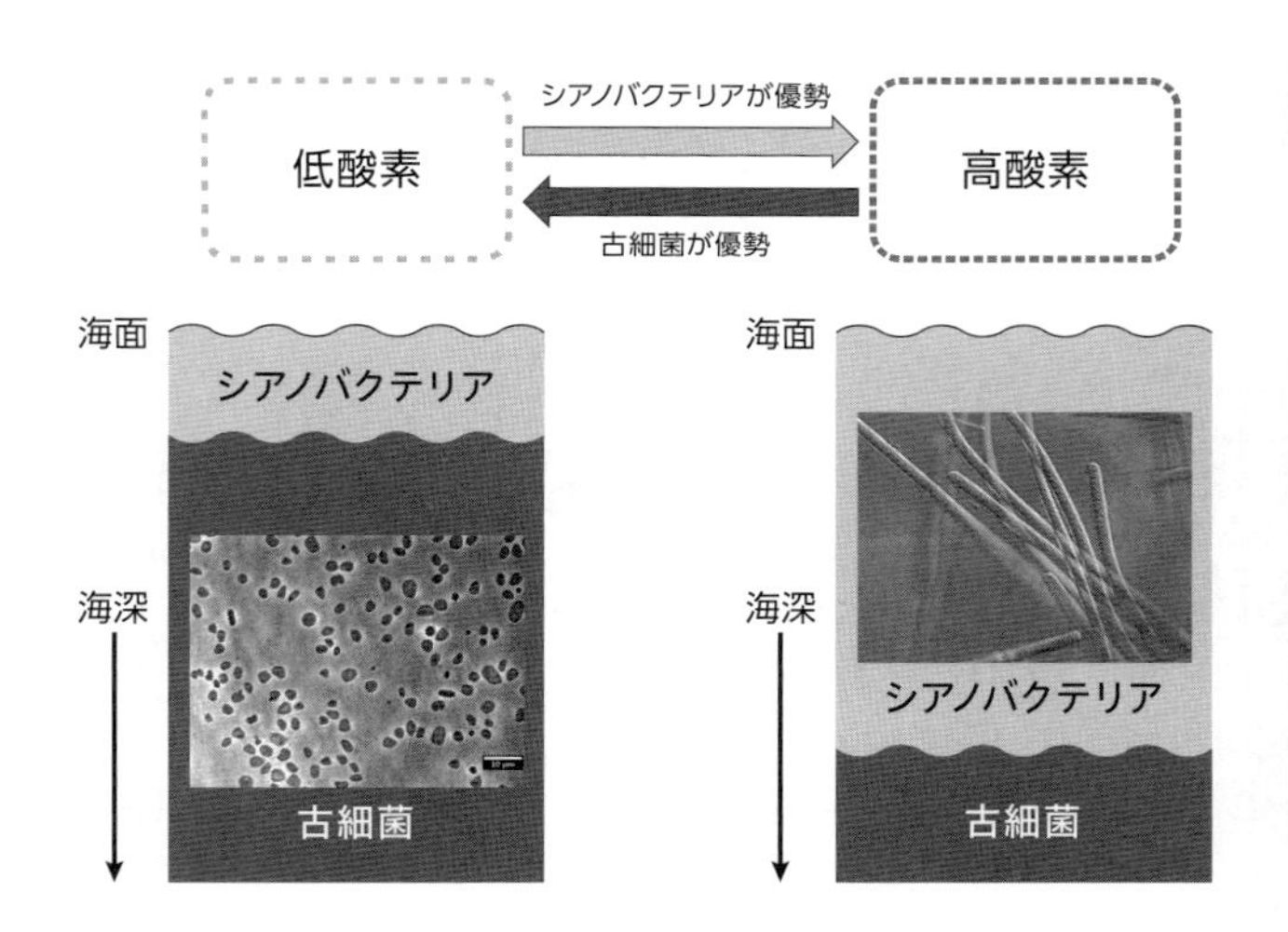

図17 酸素濃度の変遷（*17）

海中の酸素濃度は、光合成によって酸素を生産するシアノバクテリアと硫化水素やメタンを生産する古細菌のつり合いによって決定される。シアノバクテリアは光が十分に到達する深さでしか生存できない。また真核生物は酸素を生産するシアノバクテリアが優勢な領域でしか生存できない。古細菌の領域では酸素がまったく存在しないからだ。基本的に海水の深いところは古細菌の領域、海水表面近くはシアノバクテリアの領域である。この2つの領域は一定ではなく、シアノバクテリアが優勢な時は、深海までシアノバクテリアの領域となり、古細菌が優勢な時は海面のすぐそばまで古細菌の世界となる。酸素濃度の増減は繰り返し起こっただろう。古細菌が優勢な時、低酸素が真核生物に重い選択圧としてのしかかり、真核生物にとって低酸素への適応が最も重要な課題となった。

(3) インスリンというホルモン

ここでインスリン(＊27)が登場する。インスリンは真核生物の初期の頃から存在した最古のホルモンの1つである。

じつは、インスリンというホルモンは、ヒトの身体に大変に大きな影響を与える。もしかしたらインスリン1つで、他のホルモンをすべて足した影響よりも大きいかもしれない。インスリンは、「ホルモンの中のホルモン」だ。

たとえば血糖値という指標を見ればわかる。血糖値を上げるホルモンは数多いのに、血糖値を下げるのはほぼインスリンしかない。インスリンの作用は巨大すぎて、微調整がほとんど不可能なのである。このため、数多くの血糖値を上げるホルモンを動員して、インスリンの作用が行きすぎないように微調整している。それほどインスリンの影響は大きい。

インスリンは、ヒトの代謝の全体を決定してしまう能力がある。インスリンの作用の基本は、血糖を取り込み、中性脂肪を合成することだ。一度インスリンが増加すると、この作用は少なくとも何時間も続く。

インスリンは、細胞と細胞の情報のやり取りをするホルモン分子であるから、多細胞生物では重要な働きがある。一方で単細胞生物でも、インスリンは広く存在することがわかっている。これらのことから、少なくとも多細胞生物が誕生した約10億年前よりさらに前に、インスリンはすでに、細胞間のホルモンとして作用していたことになる。

ヒトのインスリンを単細胞生物に添加しても、ヒトと同じように糖の取り込みが起こるのである。なぜ単細胞生物にホルモンが必要なのだろうか？

この単純な疑問は、大変に重要な示唆(しさ)を我々に与えてくれる。低酸素による大絶滅が起こっても、子孫を確実に後世に残す方法、これがインスリンの本来の機能だったのではないかと筆者は考えている。

40年ほど前から、ヒトのインスリンが単細胞生物でも、ヒトとほとんど同じような作用を起こすことがわかった(＊59)。145頁の図18で示すように、テトラヒメナという単細胞生物で詳しく調べられていて、単細胞生物においてインスリンにどのような作用があるのかが、ある程度わかってきた。

さらにインスリンは、数多くの単細胞生物で、ホルモンとして機能することが知られている(＊59)。たとえば、

①細胞増殖を促進する
②酸素消費を抑制する（解糖系を促進する）
③低酸素に対して耐性を与える

などの作用がある。さらにインスリンは、単細胞生物の代謝と増殖を長時間にわたって大きく変える。驚くべきことに、1時間インスリンで処理すると、以降1000世代の娘細胞に強い影響を与えるという（＊59）。つまり、インスリンに少しでも感作されると、1000代後の子孫まで代謝が大きく変わってしまうということである（図18）。

頻繁に低酸素に暴露されてきたため、すべての生物には「低酸素応答」（＊60）というシステムが備わっている。低酸素に暴露されると、生物は共通の対応をするのだ。

低酸素に暴露されると、真核生物はミトコンドリアを抑制し、酸素の消費を抑制する。子孫を残すことを最優先にするため、ミトコンドリアを減らして、効率は悪いがブドウ糖を使ってエネルギーを生産する。

あとはひたすら子孫を残すことを目指して、細胞の増殖に全資源を投入する。

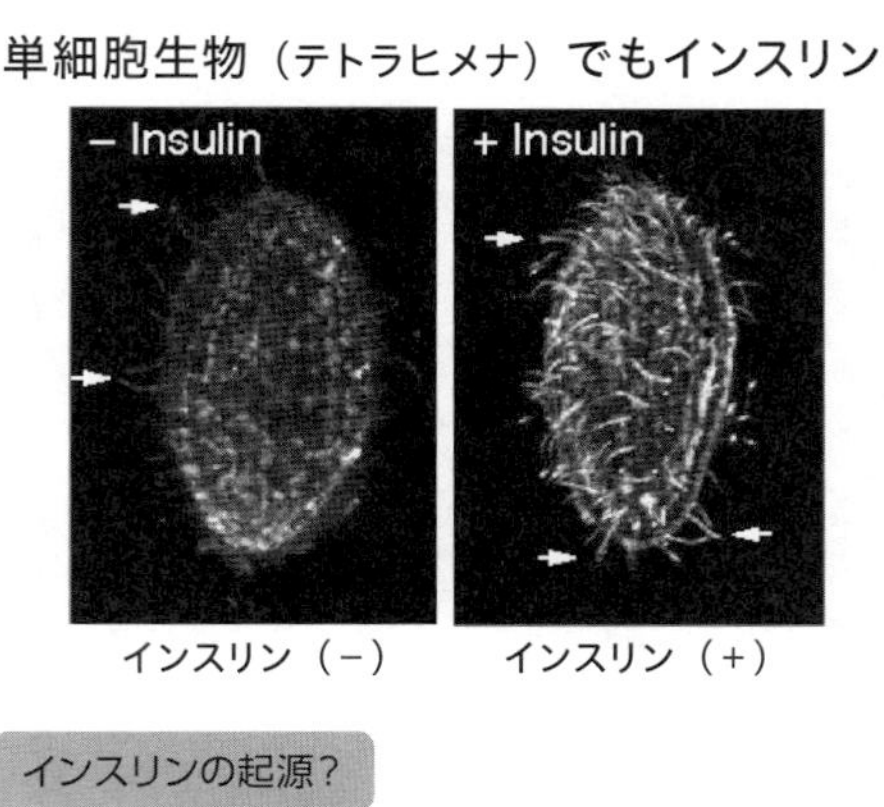

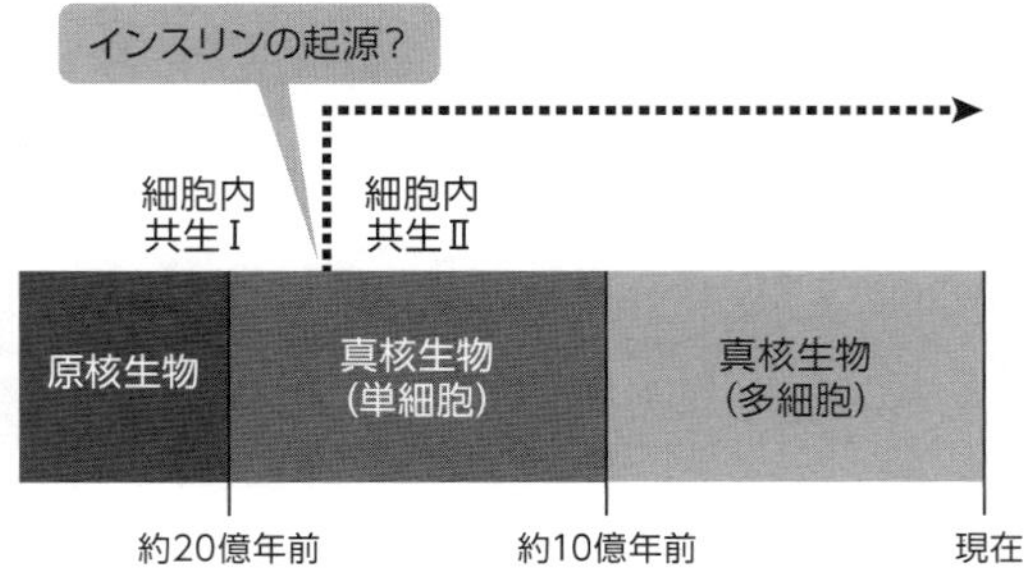

図18 インスリンは細胞の性質を決定する（*59）

単細胞生物にヒトのインスリンを添加すると、タンパク質のリン酸化が起こる。これはインスリンが作用することの証拠である。インスリンの作用によってブドウ糖の取り込み促進や増殖の促進などが起こる。一度インスリンの作用を受けると、それから数日の代謝の状態が決定される。

インスリンは細胞（ないしは臓器）間の情報のやり取りに使われるホルモンなので、多細胞生物が主流になった後に現れたものと考えられていた。しかし最近では単細胞生物にも広くインスリンが作用することがわかったので、インスリンの起源は単細胞生物が主流だった10億年以上前から存在していたと多くの研究者が考えている。

2019年のノーベル生理学・医学賞は、英米のグループに、「低酸素応答」という主題で与えられた。これは、何度も繰り返された低酸素の時代をどのように生き残るのかという課題が、何にも増して重要だったからである。実際に「低酸素応答」は約20億年前から存在していて、真核生物を低酸素から守ってきたのだと思う。

真核生物が出現した時か、または出現した直後に、すでに低酸素応答が存在していて、そのための手段がインスリンだったかもしれない。

多細胞生物では、インスリンが「低酸素応答」を強化することが、多くの研究で明らかになっている(＊61)。すなわち、インスリンというホルモンがあると、周囲の細胞まで巻き込んで、「低酸素応答」をすることで、より確実に子孫を残すことができるようになるのだ。だからインスリンは、単細胞生物でも多細胞生物でも、巨大な影響を与えるのである。

低酸素応答とインスリンは車の両輪のようなもので、生物はこの2つの手段で、低酸素を生き残ろうとする。インスリンと低酸素応答に相互に促進する作用があることは、多くの多細胞生物で同じように保存されているのである(＊61)。

(4) インスリンは増殖型の細胞を増やす

真核生物が低酸素に暴露されると、細胞の性質が大きく変わることについては、すでに多くの報告がある(＊62)。まず、ミトコンドリアを減らして酸素消費を抑制して、ひたすら子孫を残すことに専念する。本書では、この状態の細胞を「増殖型」と呼ぶことにする。また、高酸素に適応してミトコンドリアを多数抱える細胞を「エネルギー型」と呼ぶことにする。

増殖型：酸素濃度が低下すると、真核生物は酸素消費を減らして生き残るしかなくなる。そのためにはミトコンドリアには頼らず、最小限のエネルギー生産をして、確実に子孫に残すようになる。増殖型の細胞は、酸素濃度が低くても生き残る可能性が高い。ヒトの細胞を例にとれば、すべての血液の細胞のもとになっている血液幹細胞はこの代表的な例だ。多くの場合、血液幹細胞の培養にはインスリンと低酸素が必要だ(＊63)。

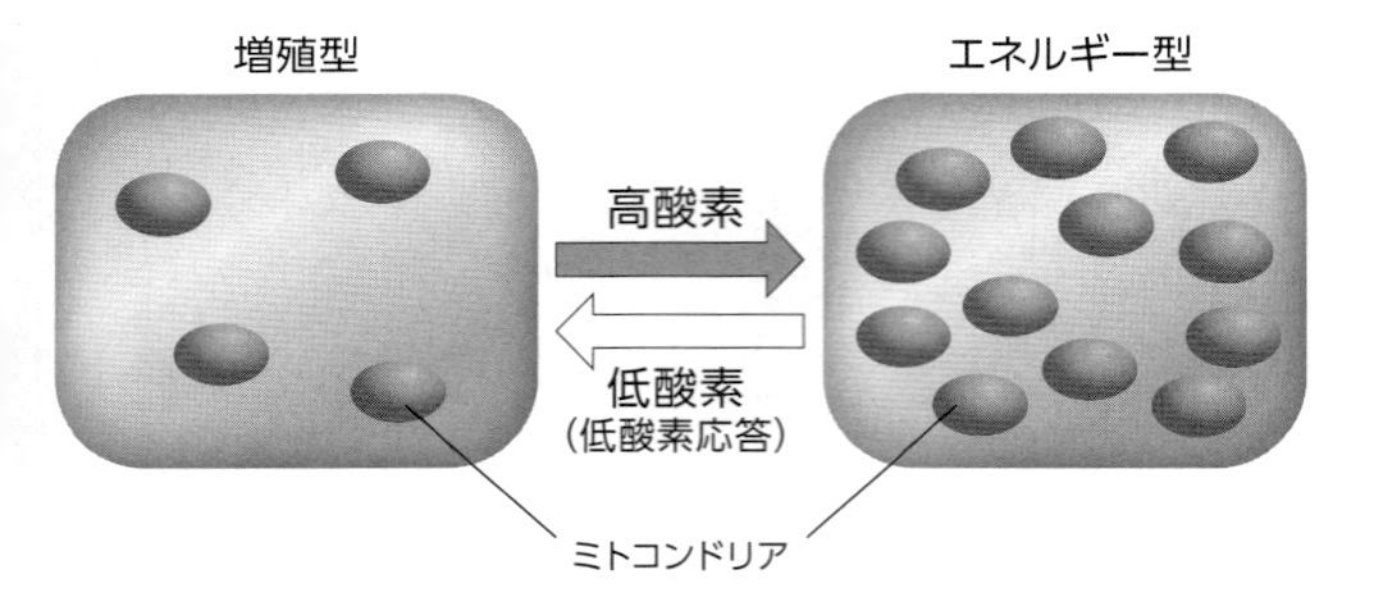

図19 酸素濃度が決める真核細胞の２つの型（*62）

真核細胞は酸素濃度によって、２つの型を取りうる。酸素濃度が高い時は「エネルギー型」が、酸素濃度が低い時は「増殖型」が有利である。エネルギー型の細胞では、豊富にある酸素をミトコンドリアが使って、大量のエネルギー基質を生み出すことになる。このためシアノバクテリア（*56）が海洋表層で活発に光合成をして酸素をつくり出している「酸素濃度が高い時」に有利になる。細胞がより高度な機能を持ち、より高度に進化するには、「エネルギー型」である必要があるが、低酸素を生き残れない。低酸素下では「増殖型」が必要になる。増殖型の細胞はミトコンドリアが抑制されているが、細胞の増殖だけはできる。増殖型は低酸素に見舞われた時に出現する、生物種を守るための防御システムと見ることができる。

エネルギー型：酸素濃度が増加した時は、酸素を使ってエネルギーを生産する細胞の方が有利である。これを「エネルギー型」の細胞と呼ぶ。細胞内に多数のミトコンドリアを抱えてエネルギー生産を最大化する細胞である。エネルギー型の細胞は、運動性能などの特別な能力を持つことが可能だが、低酸素に対して極めて脆弱（ぜいじゃく）である。ヒトの細胞を例にとれば、心筋細胞はこの代表格だ。この細胞は増殖をほとんどしないが、酸素を大量に消費して心筋の運動に関与している。

真核生物は、何度も低酸素による生命の危機を経験し、増殖型とエネルギー型を同時に維持するシステムを身につけた。すなわち、細胞の型を決める「ホルモン」を発明した。これがインスリンだ（次頁・図20）。インスリンが働くと、周囲の細胞まで巻き込んで、「増殖型」の細胞にすることができ、より確実に子孫が残せるようになる。多細胞生物では、インスリンは「低酸素応答」を強化するのである（＊61）。

大事な点は、真核生物がまだ単細胞生物として生きていた頃（約10億年前よりも以前）に、インスリンがすでにホルモンとして存在していたことだ。低酸素が持続すると、真核生物は

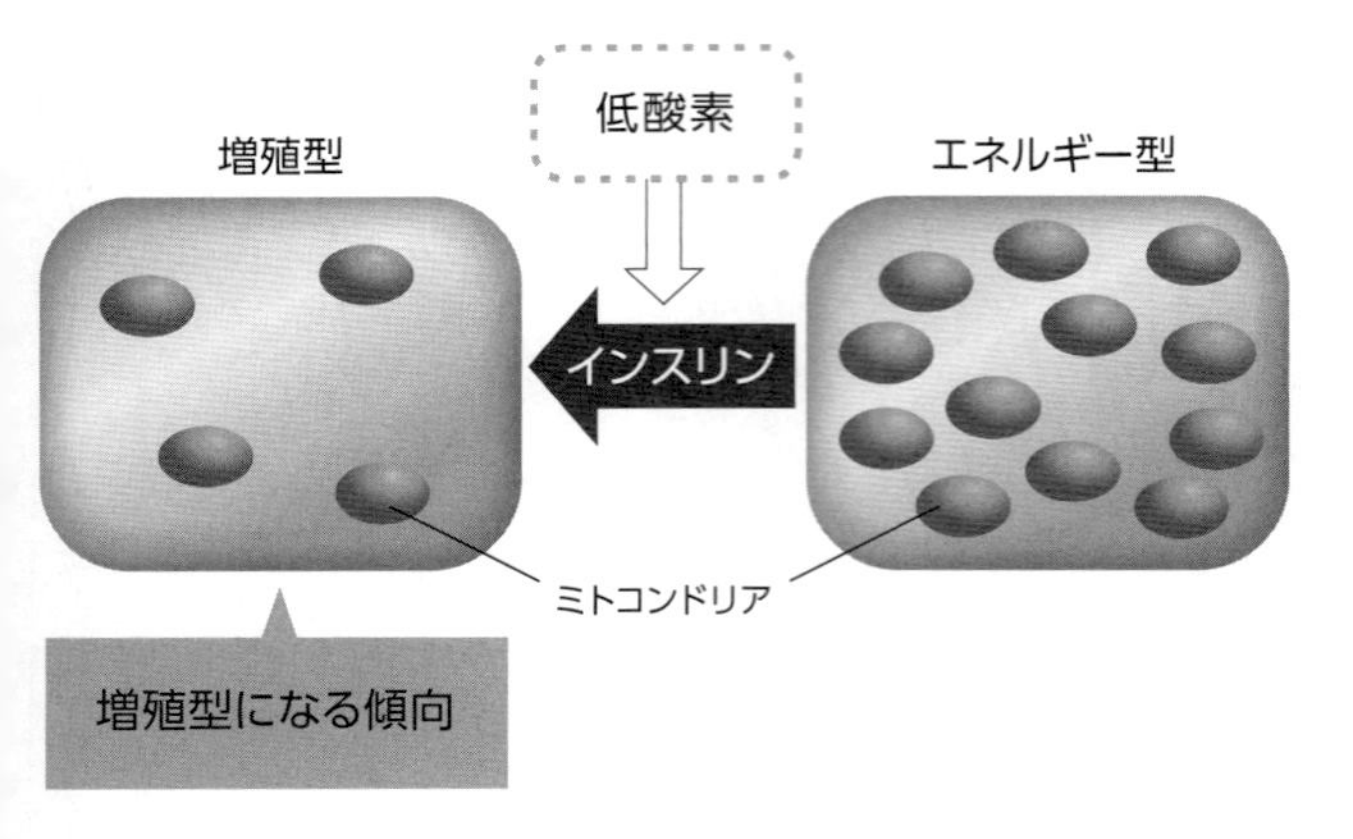

図20 インスリンが決める真核細胞の２つの型

インスリンはミトコンドリアに対して強い阻害剤として機能する（*28）。インスリンが働けば働くほど、酸素消費が減少する。細胞内のミトコンドリアが抑制され、増殖型の細胞が増加する。増殖型の細胞は、常にインスリンの作用が必要で、低酸素に耐性を持っている。

インスリンを分泌して、周囲の細胞を増殖型にする。高酸素状態が持続して、インスリンが分泌されない状態が持続すると、大部分の細胞はエネルギー型になる。

インスリンは低酸素の環境でも長く生存し続けるための対抗策で、インスリンの本質は、単細胞の頃に何回も起こった低酸素ストレスに対する防御機構であったのだと思う。

多細胞生物でも、低酸素に暴露されると、インスリンは決定的な役割を持つ（＊61）。多細胞生物でも基本的に同じ反応が起こる。インスリンの感受性を増加させて、酸素消費を減らす（＊64）。インスリンがミトコンドリアを強く抑制するからだ（＊28）。その結果、運動能力は抑制されることになる。こうして多細胞生物は、運動能力を犠牲にして低酸素を生き残ることになる。

第5章　低酸素がボディプランを決める

（1）2回目の細胞内共生――藻類の出現

15億年ほど前に、真核生物の細胞内共生の第2弾が起こった（図21）。シアノバクテリア（＊56）が真核生物（＊55）に細胞内共生して葉緑体ができたのだ。これにより藻類（＊65）が現れた。藻類は光合成の能力が、シアノバクテリアよりもはるかに高かったため、地球環境を短時間で変化させる能力までも持っていた（図21）。

シアノバクテリアは炭素源として、海水中から二酸化炭素を取り込む必要があるが、この能力が低い。シアノバクテリアは二酸化炭素濃度が高いうちは調子よく光合成を行うが、二

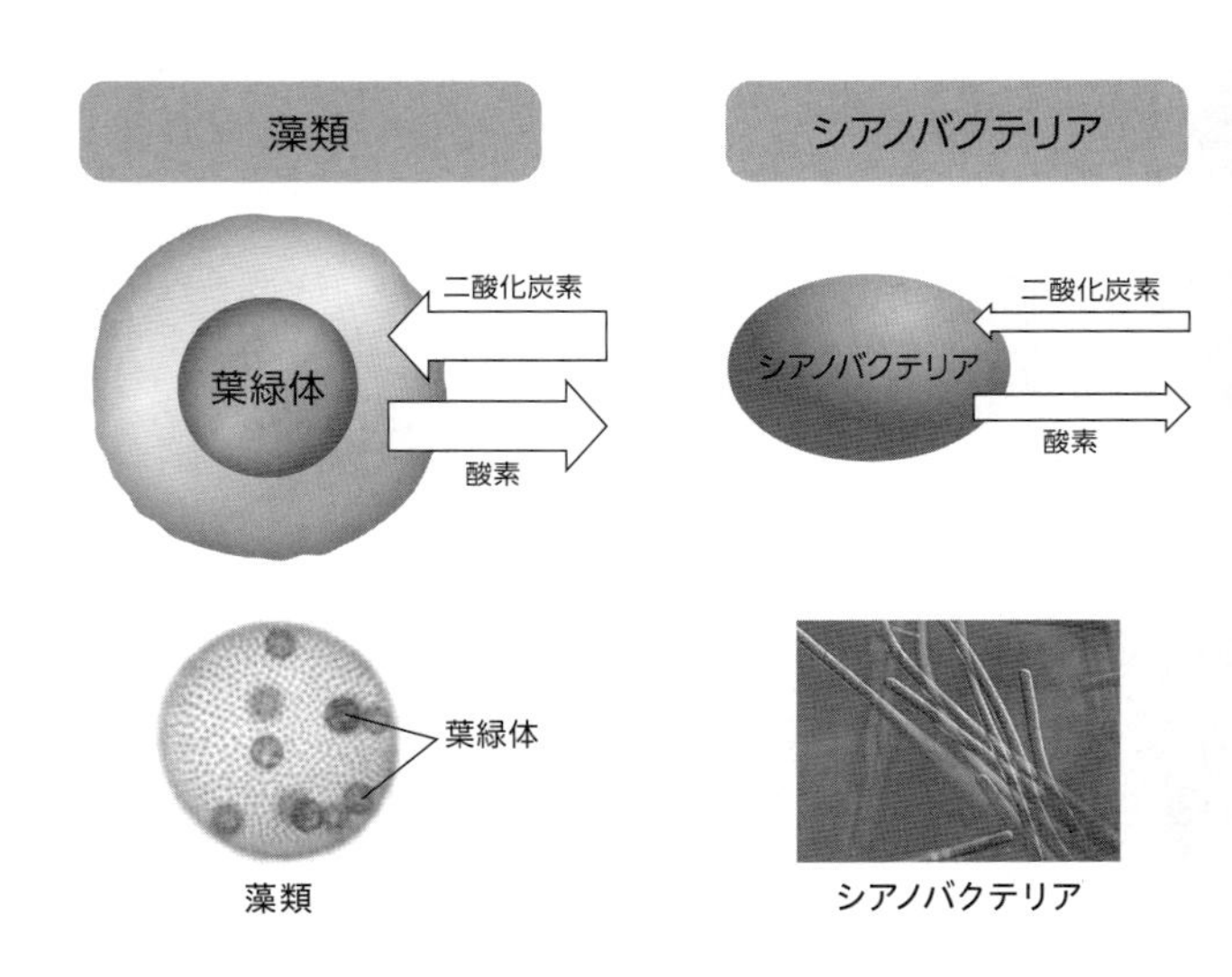

図21 藻類とシアノバクテリア（*66）

藻類（*65）はシアノバクテリアよりも高い光合成能力がある。藻類は多くの二酸化炭素を吸収する。また藻類は多くの酸素を放出する。その結果、藻類は効率が高い光合成を行うことができ、地球上の二酸化炭素を急激に低下させて、地球を急激に冷却させる能力がある。

酸化炭素の濃度が低くなると、途端に効率が低下する。シアノバクテリアが地球上で数が少ないうちは、海水中に高濃度で二酸化炭素が溶けていたために、光合成を行うのに苦労はしなかった。

地球ができた頃には地球上の大気の半分以上が二酸化炭素だったとされているが、その後二酸化炭素の濃度は一貫して減少し続けた。特に約30億年前にシアノバクテリアが誕生してからは、さらに減少することになった。しかし二酸化炭素の濃度が減ってくると、シアノバクテリアは非常に困った状態になった。二酸化炭素不足に直面することになったのだ。

シアノバクテリアは二酸化炭素を固定する能力が低いために、地球上の二酸化炭素の濃度は高く維持されていたはずだ。このため、15億年ほど前までは、基本的に、地球は温暖な気候を維持する傾向が強かったと思われる。

じつは約20億年前に真核生物が現れた後の、約18億年前から約8億年前までの10億年間は、地質学では「退屈な10億年間」と呼ばれ、この間に何が起こっていたのかの証拠（化石など）が極端に少ない時期である。この10億年の間に多くの重要なことが起こったに違いないが、あまりに情報が少ない。

たとえば、15億年前頃にシアノバクテリアが真核生物の細胞内に共生して藻類が出現した

光合成生物	シアノバクテリア	藻類
出現時期	約30億年前	約15億年前
炭酸固定能力	低い	高い
CO_2への影響	高CO_2に傾きやすい	低CO_2に傾きやすい
O_2への影響	低O_2に傾きやすい	高O_2に傾きやすい
気候への影響	温暖化	寒冷化
増えすぎると…	低酸素による絶滅	スノーボール

表7 シアノバクテリアと藻類の比較

海中の光合成生物の中で、シアノバクテリアが優勢である時期と藻類が優勢である時期では、環境に与える影響が大きく異なる。シアノバクテリアは炭酸固定を行う能力が低いために、二酸化炭素濃度が高くなりやすい。一方で、藻類が優勢な時期では、炭酸固定を行う能力が高いために、二酸化炭素濃度が低くなりやすい。したがって藻類の出現以降は、極端な寒冷化（スノーボール）が起こりやすくなった。

経緯や、約10億年前に多細胞生物が現れた経緯の詳細は、まだわかっていない。

藻類は、シアノバクテリアよりも炭酸固定の能力が大幅に改善されていた。すなわち、二酸化炭素濃度が低下しても、さらに光合成を行うことが可能になった。したがって、藻類の登場は、地球環境において、二酸化炭素の濃度のさらなる低下と、酸素濃度の増加を強く引き起こすことになった。

藻類の登場は、限界を超えて二酸化炭素濃度の低下を引き起こし、地球の寒冷化を促進する作用をもたらした。

藻類が出現した約15億年前を境として、光合成が環境に与える影響は大きく変化した（前頁・表7）。シアノバクテリアは炭酸固定の能力が低いため、古細菌（＊21）の影響の方が強く出やすかった。このため低酸素・高二酸化炭素に傾きやすかった。藻類が現れるまでは、何度も低酸素による絶滅が起こったはずだ。しかしこのあたりの化石の情報は、ほぼ皆無に近い。

（2）スノーボール仮説

地球上の酸素濃度は、主に2つの細胞のつり合いで成り立っていた。増加させるものは、

スノーボール仮説

写真の出所：Siozos A, Markozanes F, Gagaras G, Polychroni I, Laios K, Arsenis S, Roussi V, Papaioannou C. The Snowball Earth Episodes. Environmental Sciences Proceedings. 2023; 26(1):64.

二酸化炭素濃度の平衡

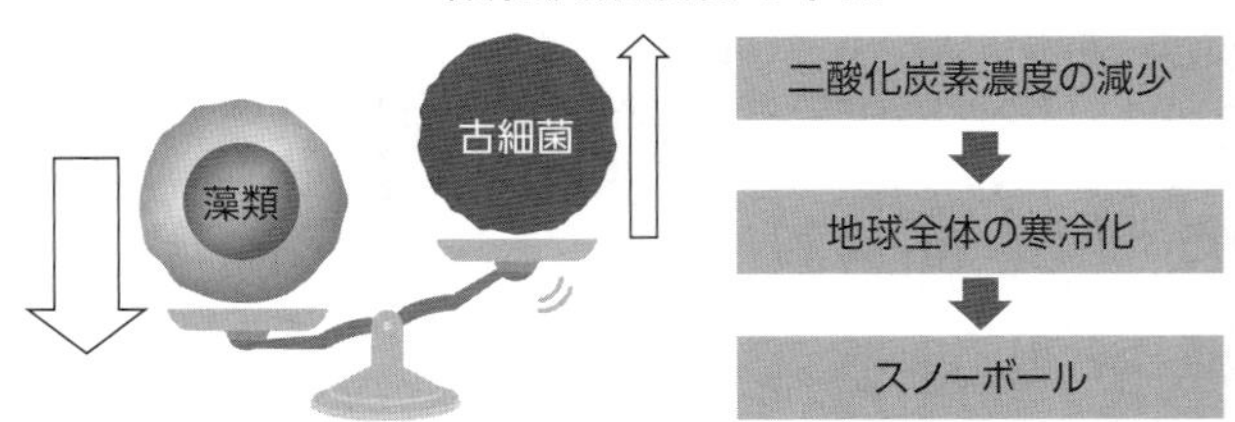

図22 スノーボール仮説（*67）

藻類（シアノバクテリア）が優勢になると、光合成が盛んになり、二酸化炭素の固定が増加する。大気中の二酸化炭素濃度の減少が起きると、地球は寒冷化する。藻類が出現して以降、二酸化炭素濃度の平衡が崩れ、何度も極端な寒冷化が起こった。南極と北極から海が凍り始める。海が氷に覆われると太陽光線を宇宙に反射するので、さらに寒冷化する。最終的には地球全体が厚い氷に覆われることになる。これがスノーボールである。中緯度付近では3000m、赤道付近でも1000mの氷河が覆うことになった。当然、生物の大部分は死滅した。地球表面の平均気温がマイナス50℃だったというから、新生代にたびたび起こった氷河期などとは比べ物にならない寒冷化だ。

シアノバクテリアの光合成であり、減少させるものは、古細菌が産生するメタンや硫化水素である。酸素濃度は、シアノバクテリアと古細菌のきわどいつり合いで保たれていることになる。

約15億年前に藻類がシアノバクテリアに取って代わると、状況は大きく変わる。155頁の表7に示したように、二酸化炭素の濃度がさらに減少し、地球の環境は寒冷化に向かいやすくなった。

藻類がシアノバクテリアよりもはるかに効率の高い光合成を行ったため、当然、二酸化炭素濃度が減少する方向に傾くことになる。これにより、地球の寒冷化がどんどん進み、あるレベルを超えるとすさまじいスピードで進み、地球全体が数千メートルの氷河に覆われるようになった。古地磁気学者のジョゼフ・カーシュヴィンクは、これを「スノーボールアース」(＊67)と呼んだ。この状態を地球は何度か経験した（前頁・図22）。

反対に、古細菌が優勢になると、二酸化炭素が多く、酸素濃度が少なくなり、極端な低酸素に見舞われることになった。

この変動は、約20億年前から、約6億年前に最後のスノーボールが終了するまで、何度も行きつ戻りつした。そのたびに生物の絶滅が繰り返された（表8）。

優勢な生物	藻類	古細菌
酸素濃度	高酸素	低酸素
二酸化炭素濃度	低二酸化炭素	高二酸化炭素
気候	寒冷化	温暖化
増えすぎると…	スノーボール	低酸素

表8 平衡がもたらす地球環境への影響

藻類が現れる以前は、しばしば古細菌が優勢になり、低酸素に傾きやすかった。藻類の出現後は、その光合成の能力が高いため、二酸化炭素が減る方向に傾きやすくなる。これが限界を超えて進めば、地球はスノーボールになる。反対に、PT境界のように大規模な地殻変動が起こると、古細菌が優勢な海になったはずだ。

（3）生物進化は低酸素から

最後のスノーボールの前と後とでは、酸素濃度のレベルが大きく異なっていた。このことが生物進化に果たした役割は大きい。約6億年前に最後のスノーボールが完了して以降、全体的に酸素濃度は10％を維持している。それ以前は、1％もないくらいだった。最後のスノーボールの後、藻類の大繁殖が起こり、酸素濃度のベースラインを一挙に増加させた。この酸素濃度の増加によって、生物は巨大化することができた。大きさが1mを超える生物が多く現れた。

このスノーボール仮説を提唱し、最後のスノーボールの後の酸素濃度の増加が多細胞生物の世界を開いたことを提唱したのは、先ほども触れたジョゼフ・カーシュヴィンクである（図23）。

生物の巨大化には、コラーゲンというタンパク質の登場が必要だった。コラーゲンは細胞と細胞の間を埋めるタンパク質だからだ。コラーゲンの合成には、酸素とビタミンCが必要であるため、低酸素では合成できない（＊68）。コラーゲンを合成するのに十分な酸素は、最

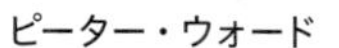

ピーター・ウォード

ジョゼフ・カーシュヴィンク

図23 生物進化は酸素濃度で決まる（*67）

ピーター・ウォードは、生物進化に強い影響を与えるのは酸素濃度であることを明らかにした。ジョゼフ・カーシュヴィンクは、スノーボール仮説の提唱者で、地球は過去何度もスノーボールによる大絶滅を経験していることを突き止めた。

後のスノーボールを完了した後、藻類の大繁殖が起こり、大量に酸素が放出されることによって可能になった。

生物の巨大化はまさしく、酸素濃度の増加が引き起こしたのだ（＊67）。

約5億4千万年前に古生代が始まって以来、化石に明確に残る大絶滅は5回起きている。3回目がPT境界で、これで中生代が始まり、5回目がKT境界で、これで中生代が終わった。じつは三畳紀末にも、巨大隕石が衝突して4回目の大絶滅が起きているが、本書では特に詳しくは触れない。

古生代の始まりから後に起きた5回の大絶滅のうちの何回かは、直接の原因が、酸素濃度の低下にあった。この代表例がPT境界（＊11）である。地球全体で酸素濃度が低下すると、生物にとっての最大の課題は、低酸素下で生き残るということになる。このために、生物のボディプランは大幅な変更が求められる。

ピーター・ウォードは、生物は低酸素に暴露され続けると、生存のために大幅なボディプランの変更が起こり、進化が跳躍的に進行すると提唱した（＊17）。逆に酸素濃度が高かった石炭紀などでは、進化のスピードが抑制され、生物は大幅なボディプランの変更をすることなく、生存し続ける。つまり生物進化は停滞する（＊17）。

進化は一様に進むのではなく、酸素濃度が低い時は速いスピードで進み、酸素濃度が高い時はゆっくりと進む、ということだ。

最も劇的なボディプランの変更は、ＰＴ境界の直後に起こった獣脚類の出現であった。この時、獣脚類からボディプランの方向性が決定された。

第6章　空気が一方向に流れる肺

（1）石炭紀——単弓類と双弓類の出現

石炭紀（約3億6千万年前から約3億年前までの時期）はペルム紀の前の時代である（11頁・表1、13頁・図1）。木生シダ植物の大森林が形成され、この時期の地層から多くの石炭を産することになり、世界の主要な炭田の形成につながったため、この名前が付いた。木生シダが世界中で繁茂したため、空気中の酸素の蓄積が進み、石炭紀末期には、酸素濃度が35％という史上空前の高酸素の環境になったのだ。

この時期、酸素濃度があまりに高かったために、頻繁に大規模な山火事が発生した。このため、空の色は青色ではなく、黄色がかっていた。また、酸素濃度が高かったために、節足動物と脊椎動物の巨大化が顕著である。80㎝のトンボが飛行し、２ｍのムカデ、２ｍの肉食性両生類が存在した。これらの生物はすべて、原始的なガス交換能力しかなかったが、酸素濃度が高かったために問題にならなかった。

シダ植物は受精の過程で水を必要とするため、水辺からまったく離れられない。シダ植物の大森林は水辺だけで可能で、それ以外の大部分（主に内陸部分）は乾燥した荒地のまま存在した。

また両生類は、受精卵が羊膜にくるまれておらず、水がないと生き残れなかった。さらに皮膚が水で濡れていないと皮膚呼吸ができないため、水辺から離れて乾燥地帯に移動することができなかった。

生命があふれる木生シダの大森林は、大陸の周辺部（沿岸部）に限られていた。大陸の内陸部は乾燥が強すぎて、シダ植物や両生類は進出できなかったのである。

ところが石炭紀の後半になると、内陸部の乾燥地帯に生活域を広げる、動物（爬虫類）と植物（裸子植物）のパイオニアが現れた。

内陸の乾燥地帯には、風の力で花粉を飛ばして受粉を行う、裸子植物が森林をつくり始めていた。
爬虫類は2つの点で乾燥地帯に適応している。1つは卵が羊膜に包まれているので、乾燥から卵を守れること。もう1つは皮膚がウロコに覆われているため、乾燥に耐えられることだ。これにより、爬虫類は内陸の乾燥地帯に生活域を広げることができた。内陸部の乾燥地帯には肉食性の両生類や巨大昆虫がいないために、爬虫類にとってはほとんど天敵のいない世界だった。

しかも、ある程度の食物が確保できた。この頃、裸子植物が巨大化しつつあり、内陸の乾燥地帯には裸子植物の森林ができつつあり、地上には昆虫などの小動物がすでにいたから、餌（えさ）にそれほど苦労はしなかっただろう（図24）。

こうして、石炭紀に出現した爬虫類（無弓類（むきゅうるい））は、肉食性の両生類や巨大昆虫を避けて、水辺から離れ、生活する場を乾燥地帯に広げることに成功した。石炭紀後期に、無弓類は2つのグループを生み出した。この2つのグループは、石炭紀の間は外見ではあまり区別がつかなかった。どちらもトカゲのような姿である。

たとえばアリゾナの砂漠を歩きまわる、現在のツノトカゲのような生態だったろう。頭骨の眼窩の後ろ側にある側頭窓が1つあるものを単弓類、2つあるものを双弓類と呼ぶ。

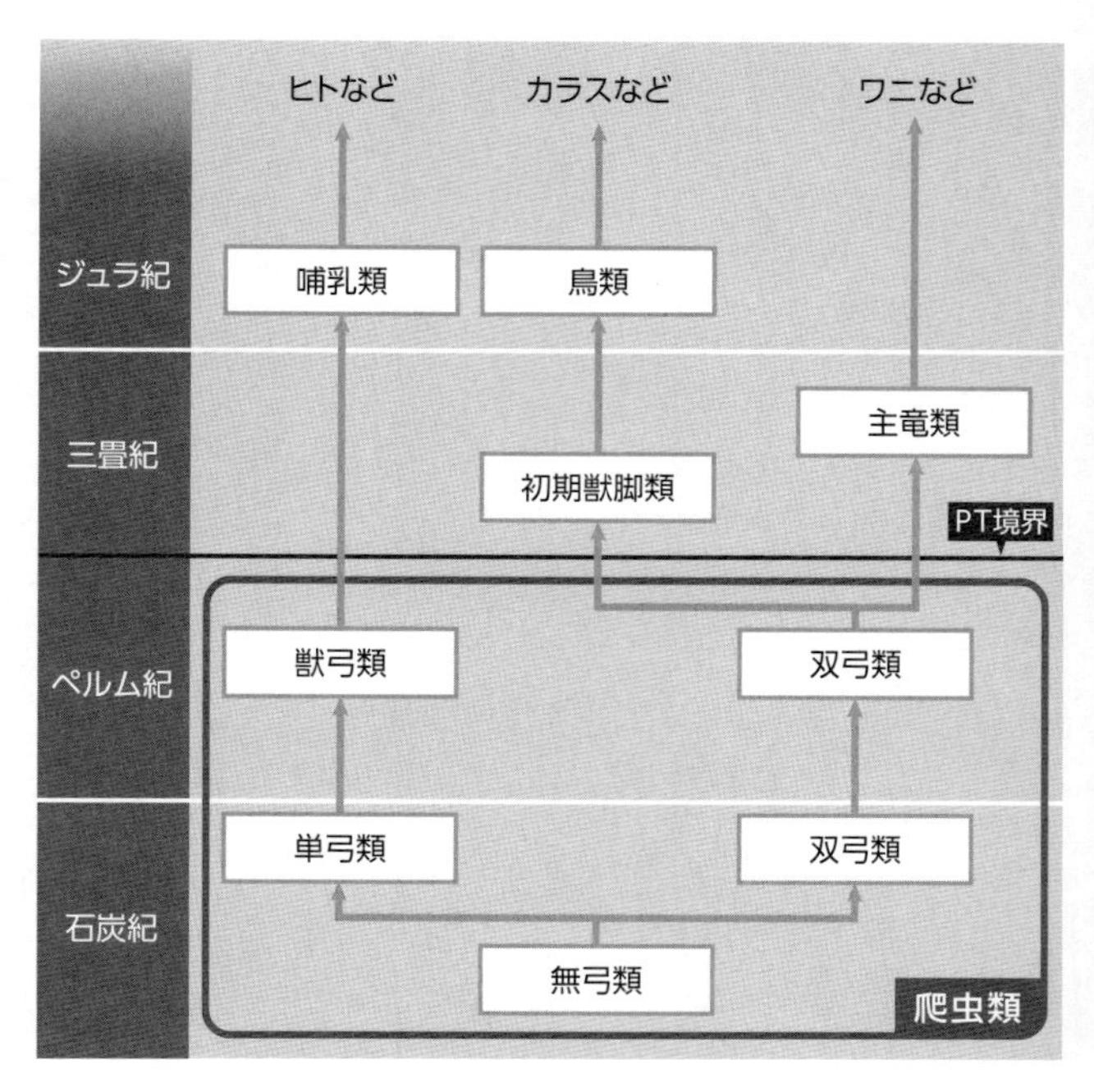

図24 爬虫類の進化（ジュラ紀まで）

ペルム紀に単弓類は獣弓類を生み出し、生存場所を拡大した。単弓類はその後、獣弓類、そして哺乳類に進化した。一方、双弓類は、空気を一方向に流す、新型の肺を発明したが、外見は依然としてトカゲのような姿であった。ＰＴ境界の直後に、双弓類は大きく姿を変え、獣脚類を誕生させた。獣脚類はその後、鳥に進化した。

石炭紀の間は、爬虫類は生態系の主役にはなれなかったが、敵の少ない乾燥地帯で大きく数を増やした（図25）。

（2）ペルム紀——獣弓類の独り勝ち

石炭紀に続くペルム紀は、酸素濃度が30％程度で維持され、また二酸化炭素濃度は現在とほぼ同じ程度だった。したがって石炭紀に比べて、寒冷化が顕著である。現在と同じように、中緯度地方には四季があり、北極と南極は、現在と同様、永久凍土ないしは氷の海が広がっていた。

ペルム紀になると、単弓類の一部から進化した獣弓類（哺乳類の先祖）が大発展を遂げる。その要因は、獣弓類がいち早く骨盤を部分的に持ち上げることに成功し、ガス交換能力を増加させたからである。彼らは歩行しながら呼吸することが可能になり、活動領域を一挙に広げることに成功した。他の動物は、呼吸と運動が分離されていないものだけであった。このような世界で、持続的に歩行できるようになれば、圧倒的に有利になっただろう。

さらに獣弓類は、内温性を獲得したため、寒冷な地方にも生息域を広げることができ、ペ

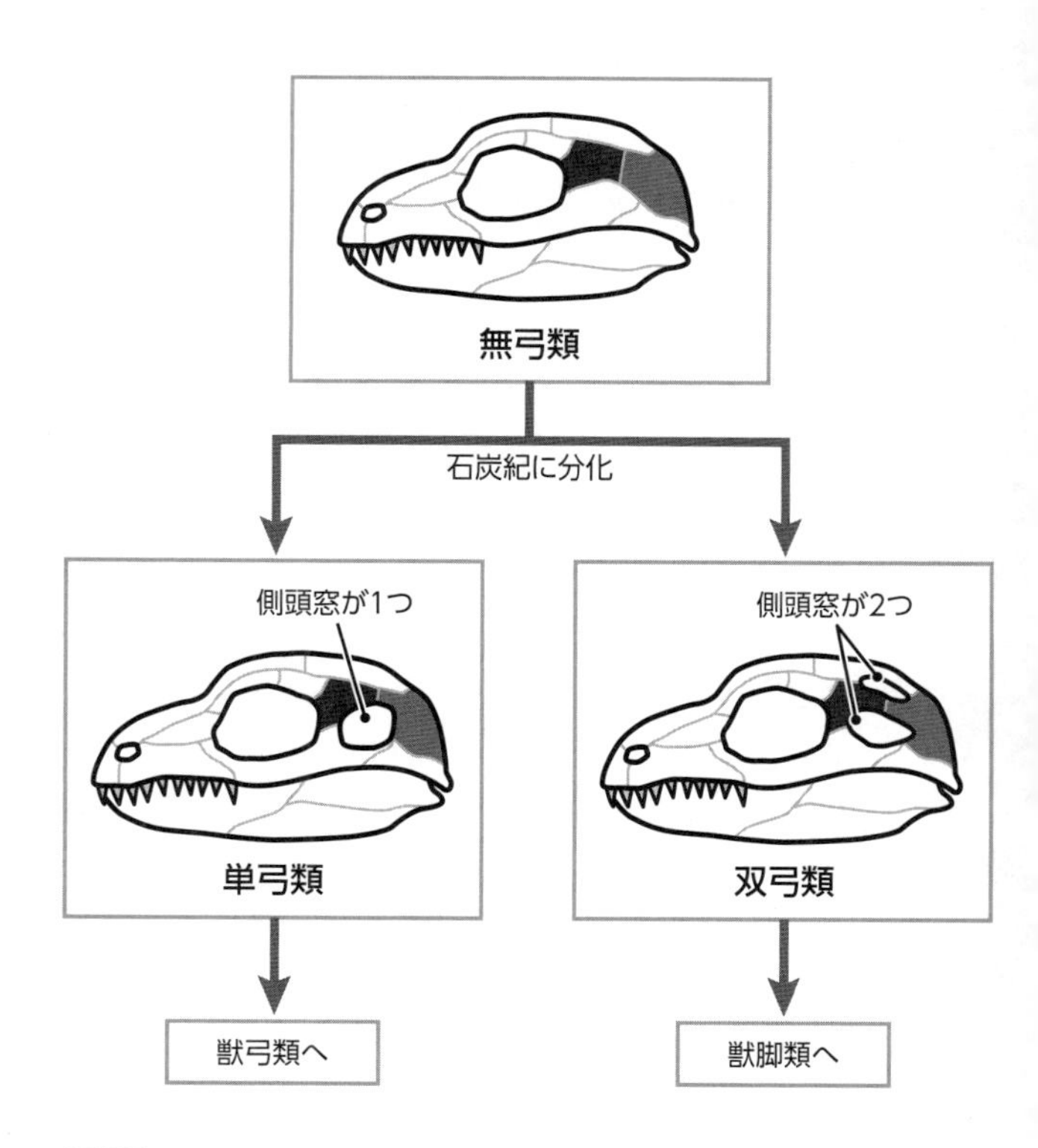

図25 単弓類と双弓類

石炭紀に現れた爬虫類（無弓類）は、側頭窓が１つの単弓類（将来、獣弓類・哺乳類を生み出す）と、側頭窓が２つの双弓類（将来、獣脚類・鳥類を生み出す）を石炭紀後期に生み出すことになる。石炭紀の間、これらはみなトカゲのような姿であり、外見ではほとんど区別がつかなかった。

ルム紀では生態学上の覇者になった。ペルム紀は獣弓類の独り勝ちであった。ただし獣弓類は、ガス交換能力の低い肺しか持たなかった。それは次のような構造による。

①横隔膜がなかったため、肺胞の空気の強制換気ができなかった（横隔膜は三畳紀の獣弓類が最初である）。

②両手・両足が背骨に対して斜めに出ていたため、走行する時に肺が圧迫を受けた（両手・両足が背骨に対して真下に出るようになって、呼吸と運動が完全に分離したのはジュラ紀以降である）。

これらの重大な欠点は、酸素濃度が30％もあったペルム紀では顕在化することはなかった。ペルム紀には、彼ら獣弓類の生活域は全世界に広がっていた。多くの大型草食動物、そして大型の肉食獣まで現れた。獣弓類は繁栄を謳歌（おうか）した。単弓類（獣弓類）の繁栄は、5千万年も続いたことになる。この間、ずっと酸素濃度は高く維持され、獣弓類は現在の哺乳類とほとんど同じ骨格を持つにいたった。

(3) 空気が一方向に流れる肺——双弓類の静かな大変革

一方の双弓類は、ペルム紀の間ずっと、トカゲのような姿のままでいた。これは驚異的なことだ。双弓類はＰＴ境界で酸素濃度が低下すると、短期間（約2千万年）で大発展して獣脚類を生み出すことになる。低酸素で大発展するきっかけは何だったのか？　これこそが、本書の最も重要な問いの1つである。

大発展を可能にした1つの要因は、酸素濃度がまだ高かったペルム紀における双弓類の肺の進化である。つい最近まで、肺における「一方向の空気の流れ」は、鳥だけが持つ機能で、これは気嚢システム(＊7)があるからこそ可能だと考えられていた。

しかしこれは間違いであることがわかった。気嚢がないワニやトカゲも、肺の空気の流れが一方向だったのだ(＊69)。

肺の中の空気の流れについて、単弓類と双弓類を比較して述べることにする。これが、獣脚類が三畳紀に大発展をし、獣弓類が（ほぼ）絶滅したことを理解する1つのカギになる。

肺には大きく分けて2種類の基本構造がある。1つは単弓類（獣弓類）が持つ肺胞型の肺だ。この場合、肺胞の中の空気の流れは両方向だ。すなわち肺胞に入る時と肺胞から出る時における、反対方向の空気の流れが、同じ場所で生じることになる（図26）。

つまり、同じ管を通って、行き止まりの袋（肺胞）に入るため、どうしても空気が混ざり合ってしまう。両生類が初めて上陸した時には、原始的な肺を持っていたが、単なる袋状の構造であった。この場合も空気の流れは両方向である。

哺乳類はこの原始的なシステムを受け継いだまま、ただ肺の袋状の構造を細分化して、表面積を増加させただけだ。肺胞式の肺では、肺胞に入る空気と肺胞から出る空気が混ざり合い、酸素濃度が高く上がらない。これが獣弓類や哺乳類の決定的な欠点となる。

もう1つの欠点は、肺胞に空気が残っているのに、強制的に新しい空気を入れる必要があることだ。そのため肺胞の壁をある程度厚くしないと、圧力で破壊される危険性があることになる。肺胞の壁を厚くすると、空気と赤血球の間の距離が大きくなり、ガス交換能力を押し下げることになる（図26）。

ペルム紀には全般に酸素濃度は30％程度が維持されたが、徐々に酸素濃度が減る傾向にあった。獣弓類（後の哺乳類）は高酸素が持続したペルム紀に大きく体制を進化させたが、酸素濃度の急激な低下に対して、有効な生理的対抗策を打ち出せなかった。これは現在も改良

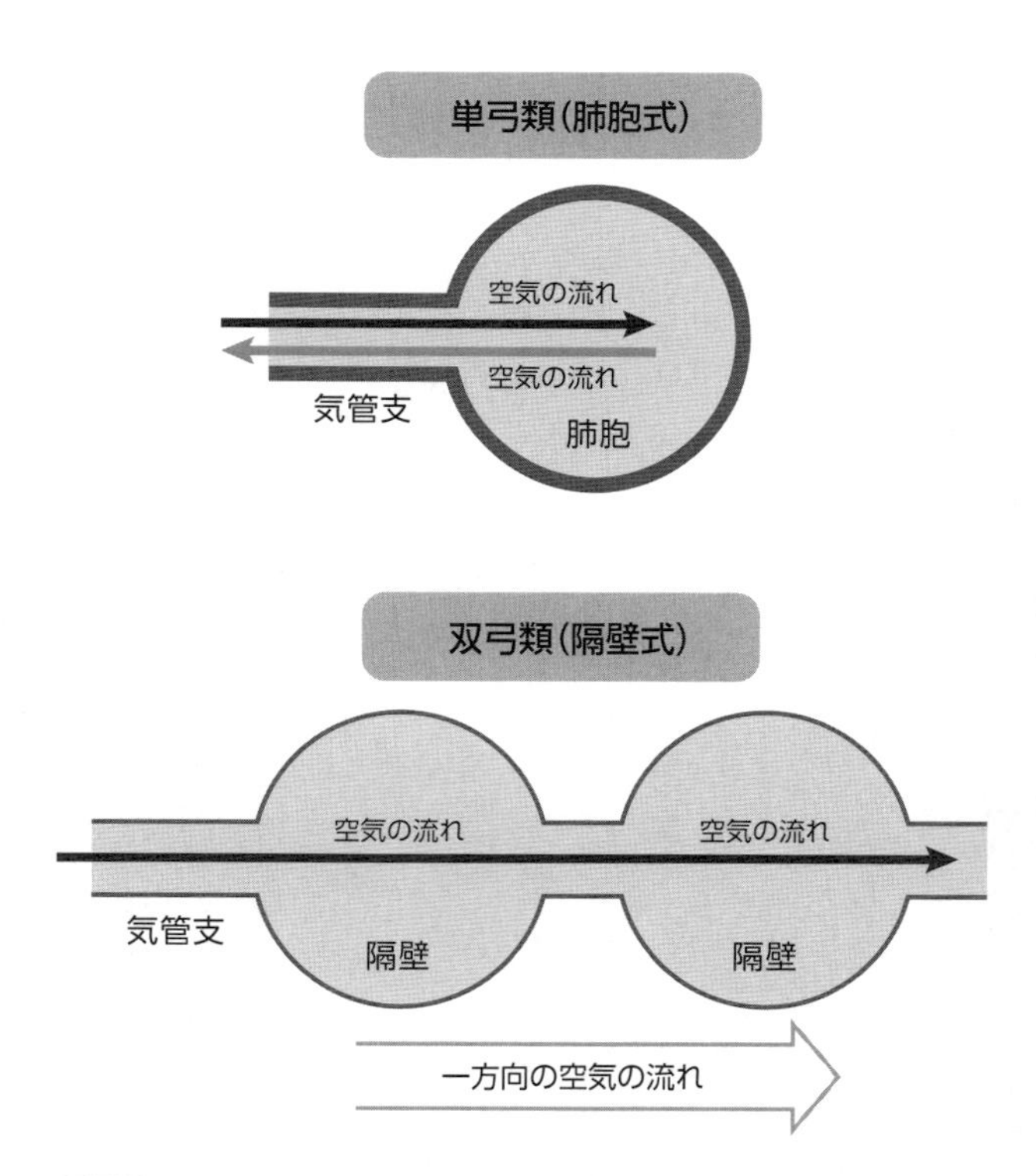

図26 単弓類（獣弓類）と双弓類（獣脚類）の肺（*69）

単弓類の肺はブドウの房のように多くの袋状の肺胞が集まる構造であるから、ここで空気は行き止まりとなる。一方、双弓類の肺は、導管を何本もつなげたような構造であり、空気が一方向にだけ流れる。双弓類の肺には2つの特徴がある。①吸気と呼気が混ざらないため、酸素濃度が高いままである。②肺の上皮に圧力がかからないため、上皮を薄くすることができる。

されていない。

一方、双弓類の隔壁式の肺においては、空気の流れは一方向になる。肺の構造は基本的に管状の構造を何本もつなげたような形をしている。空気の流れが一方向なので、新しい空気と古い空気が混ざり合わない。このため高いガス交換能力を達成することが可能だ。導管を膨らませて、中空化した骨の中に収容すれば、将来（三畳紀）には気嚢（＊7）になるのである。

もう1つのよい点は、圧力を最小限にできるため、肺の壁を極限まで薄くすることが可能なことである。壁を薄くすればそれだけガス交換能力が上がる。肺の空気が新旧混ざり合わないことと、肺の壁を薄くすることによって、高いガス交換能力を可能にできる。

酸素濃度の高かったペルム紀には、肺の壁を薄くすることはなかったが、酸素濃度が下がると、この壁を薄くすることで、ガス交換能力を大幅に増加させることができたのである。PT境界直後に真っ先に行った低酸素への対策は、肺の壁を薄くすることであり、これだけでガス交換能力は少なくとも数倍に増加したのではないかと思う。

ワニやトカゲなども隔壁式の肺を持ち、一方向の空気の流れを可能にしていたことが20年ほど前からわかってきた（＊69）。これは進化論的に大きなインパクトがある。なぜならペルム紀においてすでに、双弓類は隔壁式の肺を持ち、肺の一方向の空気の流れを可能にしていたことを示すからだ。これは酸素濃度が徐々に低下するペルム紀の環境の中で、より多くの酸素を取り入れるための工夫の1つだったのだろう。

ペルム紀において、双弓類は、肺の構造を劇的に進化させたにもかかわらず、外見上はトカゲのままであり、外温性のままである。この時期の双弓類の肺の構造の変化は、高いガス交換能力を外温性のままで可能にし、双弓類を少しは活動的にさせたかもしれない。

ただこれは、彼らの生存競争に大きく寄与することはなかった。酸素濃度が高かったからだ。だから彼らは巨大化することはなく、外見はトカゲのままとどまったのだ。

双弓類が革新的な肺を装備したのに、トカゲの姿のままとどまることになったのはなぜか？

筆者が想像するに、骨盤の構造が原始的なままだったからだろう。彼らの後肢は骨盤の真横に出ているため、呼吸と運動を分離できなかったのだ。やはり運動性能を発揮するには、骨盤の構造を変えて、背骨を持ち上げることが必要だったのだろう。

革新的な肺を持つことになった双弓類だが、骨盤が原始的な構造であったため、現在のトカゲと同じ姿のままだったのである。一方、肺は原始的だったのに、骨盤を持ち上げた獣弓類が、この時、生態系のトップにいた。

ガス交換能力の向上には、肺の構造よりも、骨盤の構造の方が大切だったということだろう。すなわち骨盤で背骨を持ち上げ、呼吸と運動を分離することが、ガス交換能力を上げるために最も必要なことだったのだ。

獣脚類が革新的な肺（空気が一方向に流れる隔壁式の肺）と機能的な骨盤（呼吸と運動の分離）を一体で運用して初めて、ボディプラン全体の大幅な変更が起こった。約2億3千万年前に出現した初期獣脚類であるヘレラサウルス（*30）である。

第7章　獣脚類への進化はゲノム欠損から始まった

（1）PT境界直後の大変革

ここまで、目に見える肺の変化について見てきたが、この章では細胞の中の大変革を見ることにする。すなわち「初期獣脚類がスーパーミトコンドリア（＊5）をなぜ装着できたのか」という課題に取り組むことにする。

約2億5千万年前、プルームの上昇を引き金として起こった、広範な火山活動のために、酸素濃度の急激な低下と二酸化炭素の増加が起こった。大絶滅が始まったのだ。

低酸素はジュラ紀中期まで1億年近く継続した。このため、低酸素という巨大なストレスがすべての生物に降りかかることになった(＊13)。すべての生物にとって、低酸素で生き残ることが最重要の課題になった。

獣脚類はどのようにして、この低酸素を生き残ることができたのか？　この物語の最初の出来事は、ゲノム（遺伝子ＤＮＡ）を半分近く切り落とすことだった。そんな無茶なことをして大変革をやり遂げたのである（図27）。

（2）ゲノムの欠損

脊椎動物のゲノムサイズが簡便に測定できるようになって、多くの情報が蓄積した。特に生物学者の興味を引いた事実は、飛行能力のある鳥が、哺乳類や爬虫類より、有意にゲノムサイズが小さいことだった。

わかりやすいように、ヒトのゲノムサイズを１００％（35億塩基対）とすると、鳥のゲノムサイズはその3分の1程度しかない。哺乳類はゲノムサイズを保持しているのに、鳥は大幅にダウンサイジングしているのだ。特に、最も進化した鳥といわれるカラスなどは、34％程度だ。

低酸素（酸素濃度約30%から約10%へ）

ゲノム欠損（約50%のゲノムを喪失）

インスリン耐性（欠損したゲノムの中に多くのインスリン関連遺伝子）

スーパーミトコンドリア（鳥と同じミトコンドリア）

図27 スーパーミトコンドリアの装着（*4）

PT境界直後に、双弓類から獣脚類に進化を始めた頃、ゲノムDNAの大幅な欠損が起こり、獣脚類はインスリンの感受性を失った。三畳紀のボディプランの変更はここから始まった。欠損したゲノムの中に、インスリンを働かせるために必要な遺伝子が多数含まれていたのだ。実際に鳥のゲノムは、多数のインスリンを働かせる遺伝子を失っている。獣脚類への進化が始まった段階でこの遺伝子の欠損が起こり、この系統（鳥と獣脚類）がインスリンの感受性を失った（インスリン耐性）。インスリン耐性が、獣脚類と鳥の系統の最も大きな生理学的な特徴をなしている。インスリンが作用しない生物では、ミトコンドリアが最大限に活性化され続け、現在の鳥が持つスーパーミトコンドリアを装着することができた。

当初、飛行能力とゲノムサイズの間に何か関係があるのではと推察された。コウモリのゲノムサイズはどうなのか？　というのは大変に興味深い問いだ。まったく進化の系統が異なり、なおかつ飛行能力という共通点を持つ鳥とコウモリに、同じようにゲノムサイズの縮小が起きたのか？　進化の系統が異なる鳥とコウモリが、同様にゲノムサイズが小さいなら、飛行能力とゲノムサイズに密接な関係がある可能性がある。

はたしてコウモリは、他の哺乳類と比較して、有意にゲノムサイズが小さかった。ヒトのゲノムサイズの60％程度しかなかった。コウモリと鳥ではまったく進化の方向が違う生物なのに、ゲノムサイズはどちらも有意に小さい。

さらに興味深い問いがある。もし飛行能力とゲノムサイズの縮小とに関係があるなら、中生代の空を支配した翼竜もまた、ゲノムサイズが小さかったのか？　しかし翼竜は約６６００万年前に絶滅したのに、どうやってゲノムサイズを計測するのか？

じつは、絶滅した動物でもゲノムサイズを計算できる方法が開発されていた。クリス・オーガンが開発した「ジュラシックゲノム」という方法だ（＊70）。翼竜の化石からゲノムサイズを正確に推定できる方法論だ（図28）。

70年ほど前から、細胞を培養することが可能になり、ゲノムサイズの大きい動物由来の培

クリス・オーガン：ジュラシックゲノムの開発者

竜脚類の化石の中の骨細胞

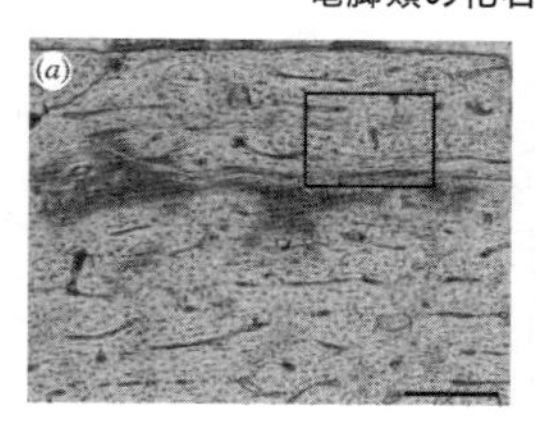

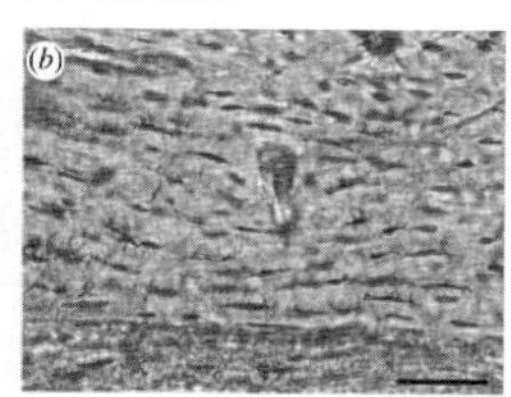

(a)の四角で示した部分の拡大が(b)

図28 ジュラシックゲノム（*70）

クリス・オーガンは、絶滅した動物の化石から切片を作成し、染色することによって、骨細胞の大きさの分布から、ゲノムの大きさを推定する方法「ジュラシックゲノム」を開発した。これにより、翼竜や獣脚類が、他の脊椎動物よりもゲノムサイズが有意に小さいことを証明した。さらに双弓類＞主竜類＞小型獣脚類＞鳥類の順にゲノムサイズが小さくなることを証明した。この系統の生物は、進化すればするほど、また運動能力が高ければ高いほど、ゲノムサイズが小さくなったのだ。

養細胞は体積が大きく、ゲノムサイズの小さい動物由来の培養細胞は体積が小さいことがわかった。すなわち、細胞の大きさとゲノムサイズとは正の相関があるということである。

骨細胞は骨に埋まっているため、化石からきれいな切片（せっぺん）を切れば、細胞の大きさが推定できる。化石に残された細胞の大きさを測定して、現在生存している生物種から得られた実験結果と照合すれば、ゲノムサイズを推定できる。このジュラシックゲノムの方法を用いて推定したところ、翼竜は有意にゲノムサイズが小さいことがわかった。

図29に示すように、飛行能力がある3種類の脊椎動物のグループ（翼竜、鳥、およびコウモリ）は共通して、ゲノムサイズが哺乳類や爬虫類よりも有意に小さかった。

この3つのグループの共通点は、飛行能力と、高い運動能力を持つということだ。たとえば翼竜では、グライダーのように飛ぶのだが、運動能力を高く維持する必要がある。一般に飛行する動物は、地上で暮らす動物よりも、はるかに高い運動能力が必要だ。

なかでも鳥は別格だ。翼竜とコウモリは、被膜（ひまく）を張って飛ぶ、という選択をした。これに対して、鳥は羽毛というシステムで飛行する。鳥の羽毛による飛行は、翼竜やコウモリなどの被膜による飛行よりも大きな利点がある。

被膜による飛行は、1カ所がダメージを受けただけで飛べなくなるが、羽毛の場合、かな

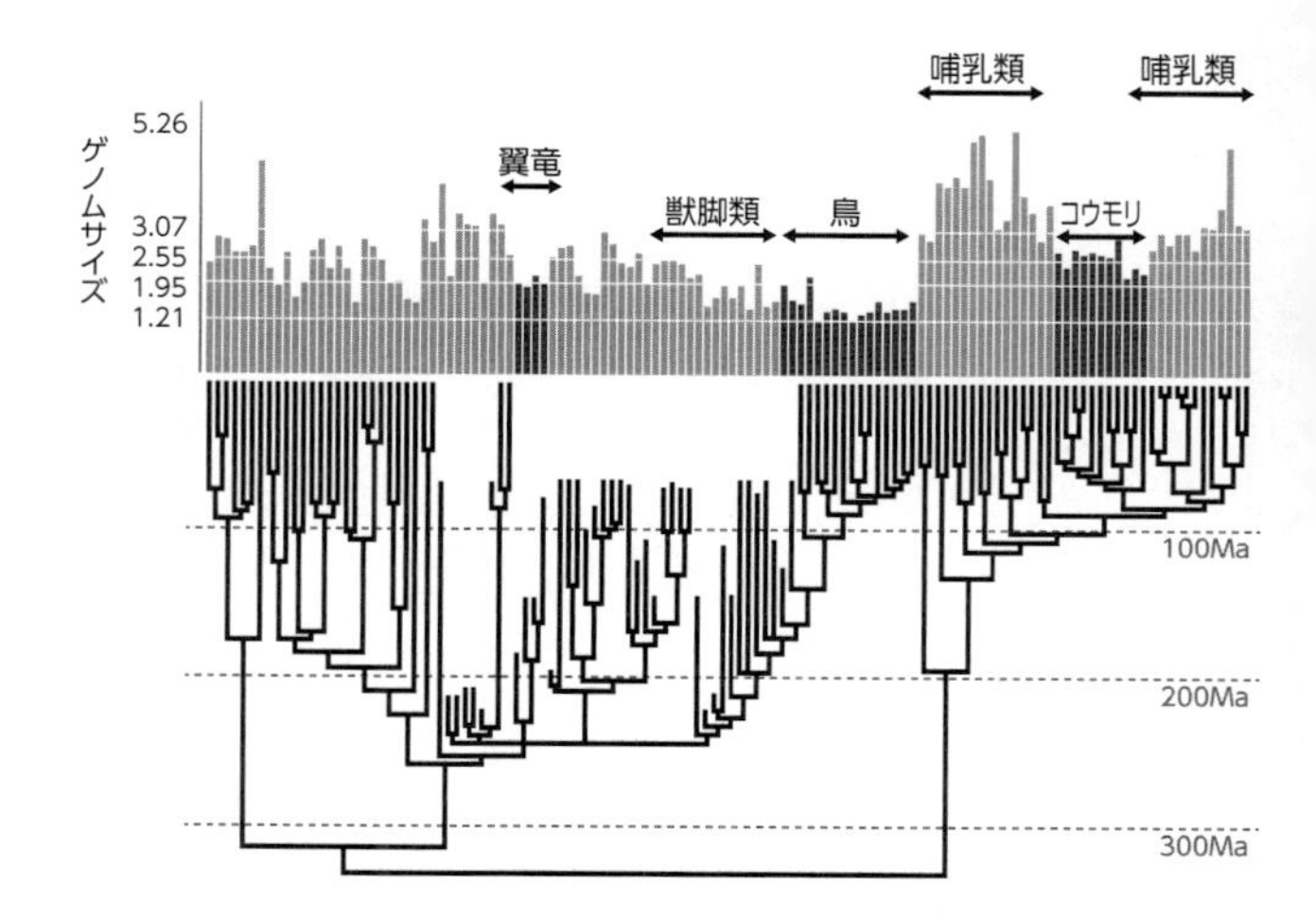

図29 脊椎動物のゲノムサイズ（*71）

脊椎動物の中で、飛翔能力を有する鳥、コウモリ、翼竜に加えて、獣脚類のゲノムサイズが小さい。ゲノムサイズとは、核の中にある遺伝子の長さをすべて足した時の長さだ。ゲノムサイズが大きければ、核の中に大量の遺伝子DNAがあり、小さければ、少しの遺伝子DNAしかないということになる。これは今までにない進化の原動力といえるかもしれない。遺伝子の要らない部分をバッサリと切り捨てて、新たな能力を身につけたように見える。また、進化すればするほど、ゲノムサイズが小さくなるのだ。

り抜けたとしても飛行することができるのだ。コウモリが夕方や夜に活動しているのは、鳥との飛行能力に差があるので、鳥に捕食されるのを避けるためだろう。

また白亜紀の後半には、小型の翼竜がほとんどいなくなってしまったが、これは、森の中や低空での領域では、鳥との競合に負けて数を減らしたためだろう。

このように、鳥の羽毛による飛行能力は、3つのグループの中でも別格だ。

このような、目で見える違いに加え、細胞の中にあるミトコンドリアの性質が異なっていることも大きいと考える。すなわち、鳥と獣脚類だけが持っている「スーパーミトコンドリア(＊5)」である。このミトコンドリアは、他の生物のミトコンドリアとは別格のエネルギー生産の能力を持っているために、鳥と獣脚類は別格なのである。

このような背景から、地上動物である獣脚類が「スーパーミトコンドリア」を持っていたとしたら、そのビジュアルは大きく変更を要求されるということになる。

そのうえ、ジュラシックゲノムの一連の研究で、さらに興味深い実験結果が報告された。陸上に生活している獣脚類もまた、ゲノムサイズが有意に小さかったのだ。

ゲノムサイズの大きさの順に並べると、

哺乳類＜コウモリ＜翼竜＜獣脚類＜鳥類

の順だったのだ。特に、小型の後期獣脚類であり、最も鳥に近いドロマエオサウルス（＊15）は、ヒトと比べて47％のゲノムサイズしかなかった。ドロマエオサウルスなどの後期獣脚類は、鳥ほどではないにしても、翼竜やコウモリよりも高い運動能力を持っていたということになる。

獣脚類の運動能力は、陸上生活をする動物の中では別格だった。オストロムが「ディノニクス（＊38）は飛べない鳥だ」と述べたのは、まさしくその通りで、その運動能力は陸上生物の中では鳥と同じレベルに到達していたのである。

これらのことからわかるのは、ゲノムサイズの縮小と飛行能力は関係がなかったということだ。ゲノムサイズの縮小と関係があったのは、「運動能力」だったのだ。獣脚類は飛行しないが、「飛行する動物と同等か、またはそれ以上の運動能力があった。

陸上にいる生物なのに、なぜゲノムサイズが小さかったのか？　しかも飛行能力のある翼竜やコウモリなどよりもゲノムサイズが小さいのである。ＰＴ境界直後の低酸素で持続的に運動することは、現在の酸素濃度で飛行する以上に高い運動能力が必要だったはずだ。

グループ	出現時期	ゲノムサイズ	例
哺乳類	現在	100%	ホモ・サピエンス
主竜類	現在	87%	アリゲーター
初期獣脚類	約2億3千万年前	57%	ヘレラサウルス
後期獣脚類	約7千5百万年前	47%	ドロマエオサウルス
鳥類	現在	34%	カラス

表9 **代表的双弓類のゲノムサイズ**

鳥への進化は、双弓類→初期獣脚類（例：ヘレラサウルス）→小型後期獣脚類（例：ドロマエオサウルス）→鳥（例：カラス）へと進行したとされている。上の表では、アリゲーター（主竜類）とヘレラサウルス（初期獣脚類）のところに注目してほしい。大絶滅の直後に主竜類から獣脚類が分かれたところにあたり、この部分で大きなゲノムの欠損が起こったのだ(*71)。このことから、初期獣脚類が出現した時（約2億3千万年前）、すでに卓越した運動能力を持っていた可能性が高い。

これらの事実は、三畳紀に初期獣脚類が出現した時点ですでに、脊椎動物の中では別格の運動能力を持っていたことを示すものだろう（表9）。

分子生物学が生命現象をどんどん明らかにしていた1950年代から1970年代には、「進化する」ということは「ゲノムサイズが増加する」ことと同じ意味だった。しかし、これが分子生物学者の単なる思い込みにすぎないことがわかった。鳥のゲノムが、哺乳類の3分の1しかないことがわかったからだ。

ペルム紀には今のトカゲとほぼ同じ形をしていた獣脚類の先祖が、初期獣脚類、後期獣脚類、そして鳥へと進化するにつれて、ゲノムサイズが縮小してゆくことがわかったのだ。

分子生物学者が持っていたもう1つの誤解は、「生物の進化は突然変異が少しずつ積み重なって起こる」というものだ。1980年代以降、スティーヴン・グールドは、「強い選択圧下では飛躍的に進化が進行する（跳躍進化）」という新しい仮説を提唱し、生物の進化に新しい世界が広まった（＊72）。

ピーター・ウォードが唱えている「三畳紀のボディプランの変更」は、この跳躍進化の典型的な例である（＊17）。跳躍進化を引き起こす最も強い要因は、低酸素であるだろう。

ＰＴ境界の酸素濃度の低下という選択圧のもとで、獣脚類は急激な変化を遂げた。鳥への進化は、低酸素に適応するため、ゲノムを半分近く失ったところから始まる。

(3) インスリン感受性の喪失(インスリン耐性)

鳥を専門とする研究者の間では、鳥全般にインスリンの効果が乏しいことはよく知られた事実である。すなわち、鳥にインスリンを過剰量打っても、血糖値はわずかしか下がらないし、そもそも、もともとの血糖値がヒトの何倍もあるのだ。これらの指標をヒトに当てはめれば、重症の糖尿病ということになる。

では、鳥はなぜこの状態で、健康で長生きできるのか。不思議な現象だった。鳥は血糖値が高いのは間違いないが、糖尿病の病態はほとんど示さない。それはなぜか、ということだ。

インスリンの作用がない時、最も強く起こるのは、血糖とケトン体(脂肪酸からつくられエネルギー源となる物質)という2つの血液中の物質が何倍にも増加することである。重症の糖尿病患者を医師が診断する際、この2つの指標を用いる。

鳥では、血糖もケトン体も、ヒトの何倍も高かった(図30)。これは、鳥がすぐに強度の強い運動を行うためであると解釈される。

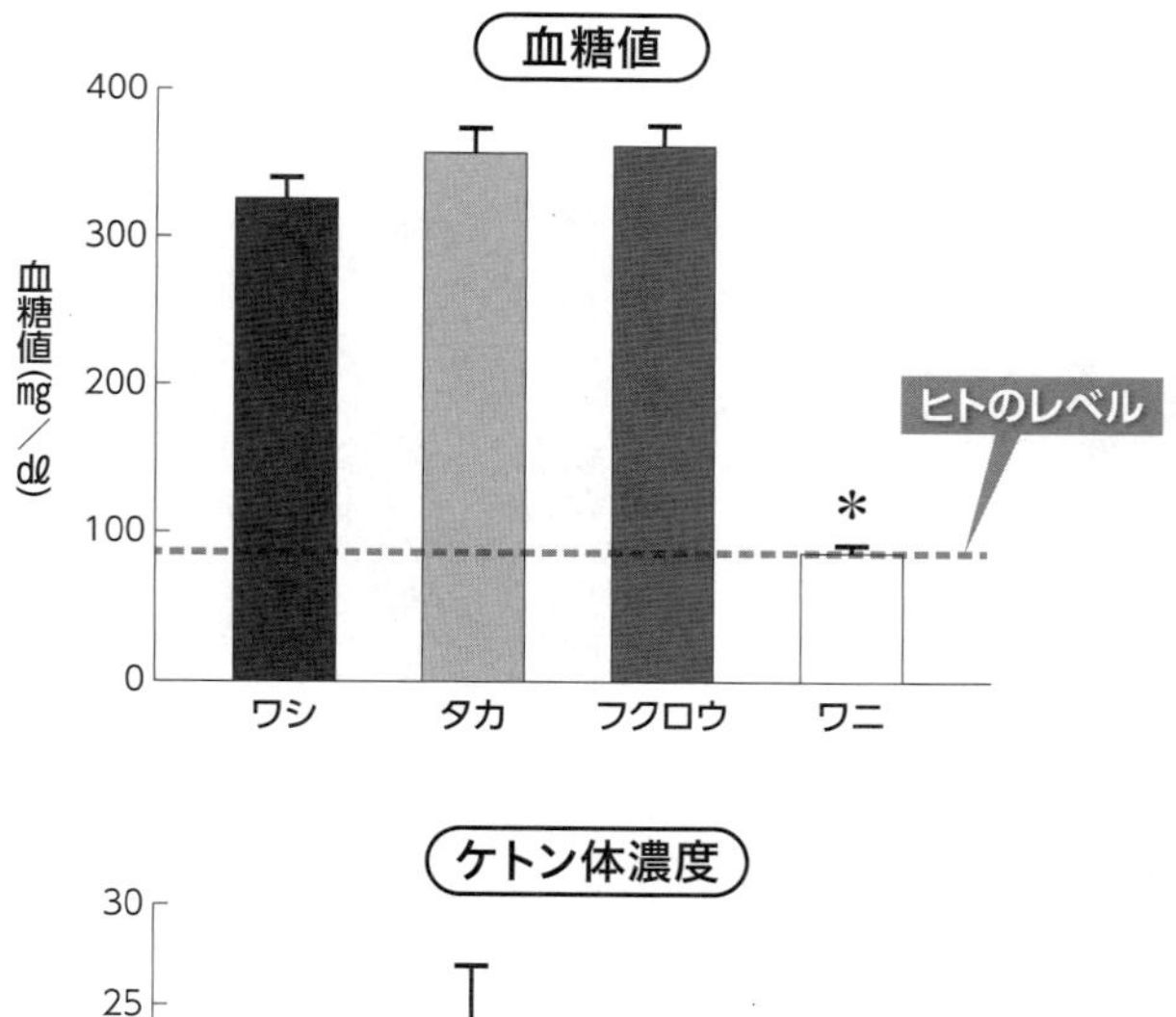

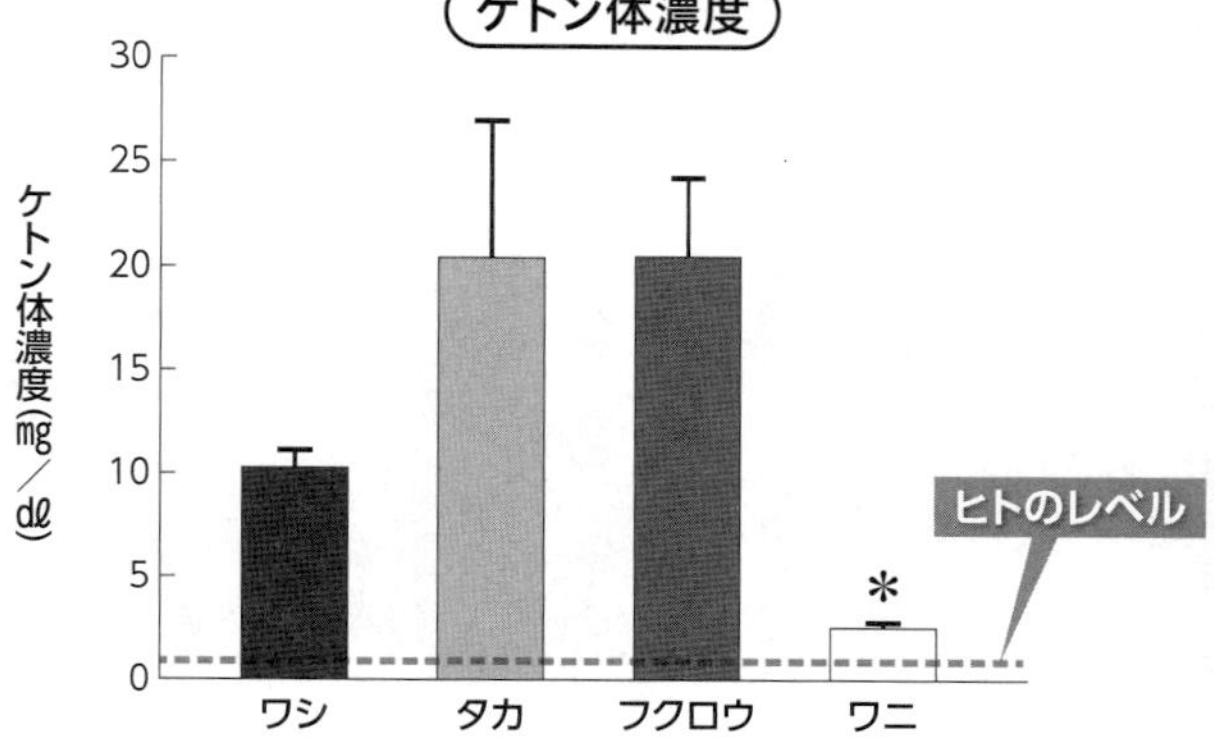

図30　鳥は高血糖・高ケトン体（*73）

哺乳類ではインスリンが強く働くために、血糖値およびケトン体が低く調節されている。鳥ではインスリンに対する感受性を失っているために、血糖値とケトン体が哺乳類の数倍から数十倍のレベルに増加する。

猛禽類（ワシ、タカ、およびフクロウ）とワニの、血糖値とケトン体の濃度を調べた。すると、ヒト（哺乳類）の血糖値はワニ（主竜類）と同程度だった。ワシ、タカおよびフクロウ（鳥類）の血糖値は、ヒト（哺乳類）の3〜4倍程度だった。またケトン体の濃度は、ワニでも3倍程度、ワシ、タカ、フクロウでは30〜40倍ほどもあった（前頁・図30）。

インスリンを脂肪細胞などに添加すると、「タンパク質のリン酸化」という現象が起こり、これが契機となってブドウ糖の取り込みが促進される。この部分に関しては、糖尿病の理解のために、医学研究において膨大な研究の蓄積がある。

鳥はインスリンの受容体が存在するのに、「タンパク質のリン酸化」がまったく起こらない（＊74）。これはいまだに、生化学の最大の謎のまま残っている。

図31は、ラットとニワトリにインスリンを注射した時、脂肪組織でのインスリンのシグナル分子のリン酸化のレベルを見た論文だ。ラットでは強いリン酸化が観察されるのに対し、ニワトリではほとんどリン酸化が起こらない。鳥ではインスリンはほとんど効果がないことになる。すなわち鳥は「インスリン耐性」だ。

哺乳類は死ぬまで高いインスリン感受性を持ち続けるのに対して、鳥は成熟するまではインスリン感受性を持っているが、成熟した後、インスリン感受性を失う（＊4）。

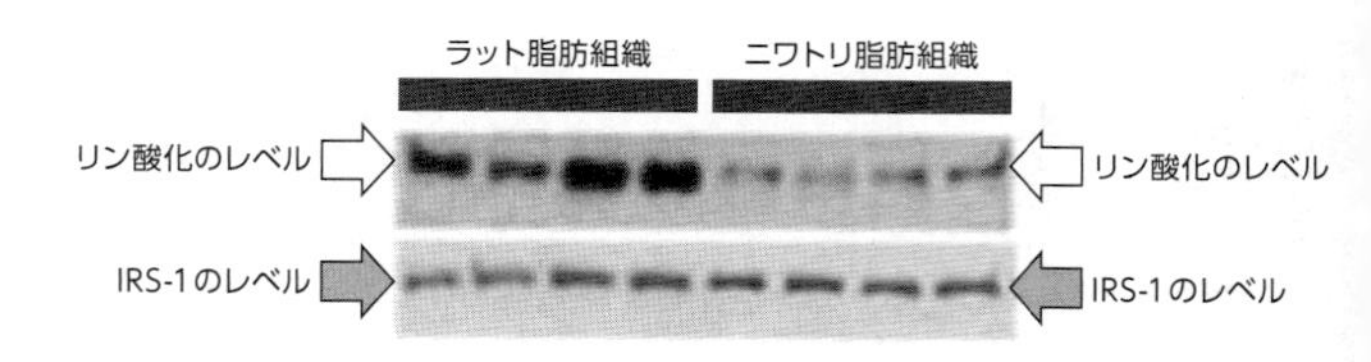

図31 鳥はインスリン耐性（*74）

ラットとニワトリにインスリンを接種して、脂肪組織でのリン酸化のレベルを測定した。ラットでは、インスリン感受性を保持しているために、リン酸化が強く観察された。これに対してニワトリでは、インスリン耐性であるために、リン酸化がほとんど観察されなかった。

IRS-1（Insulin Receptor Substrate 1：インスリン受容体基質1）は細胞膜の直下に存在し、インスリンが作用すると真っ先にリン酸化されるタンパク質である。IRS-1がリン酸化されることが、その細胞にインスリンが作用することの直接の証拠になる。ラットでは、IRS-1がリン酸化されているから、インスリンが作用していると判断でき、「インスリン感受性である」といえる。またニワトリでは、IRS-1がリン酸化されていないから、インスリンが作用していないと判断でき、「インスリン耐性である」といえる。

鳥は成熟した後、インスリンの感受性を失うため、ほとんどの細胞がエネルギー型のまま一生を過ごす。このため鳥は、死ぬまでの長い間、高いミトコンドリア活性を維持することになる。つまりミトコンドリアがフルパワーで働き続けることができる。インスリンが常にミトコンドリアを抑制している哺乳類とは別次元の運動性能を持つ生理的な理由だ(＊9)。

ヒトの糖尿病に関する膨大な研究の蓄積から、インスリン感受性に必要な遺伝子群は、数十個ほど同定されている。これらの遺伝子は、ヒトではすべて、インスリンの作用の発現に必須なものである。

哺乳類のインスリンの研究から、インスリンの作用に関与する数多くの遺伝子が同定されているが、何種類かが鳥では失われている(＊75)。これらの遺伝子の欠損のために、インスリンの効果が非常に弱いと考えられる(図32)。

(4) スーパーミトコンドリアの誕生

鳥ではインスリンが働かないので、細胞の大部分がエネルギー型になる。エネルギー型であれば、何年でも老化せずに、ミトコンドリアがエネルギーを生産し続ける。鳥は個体全体

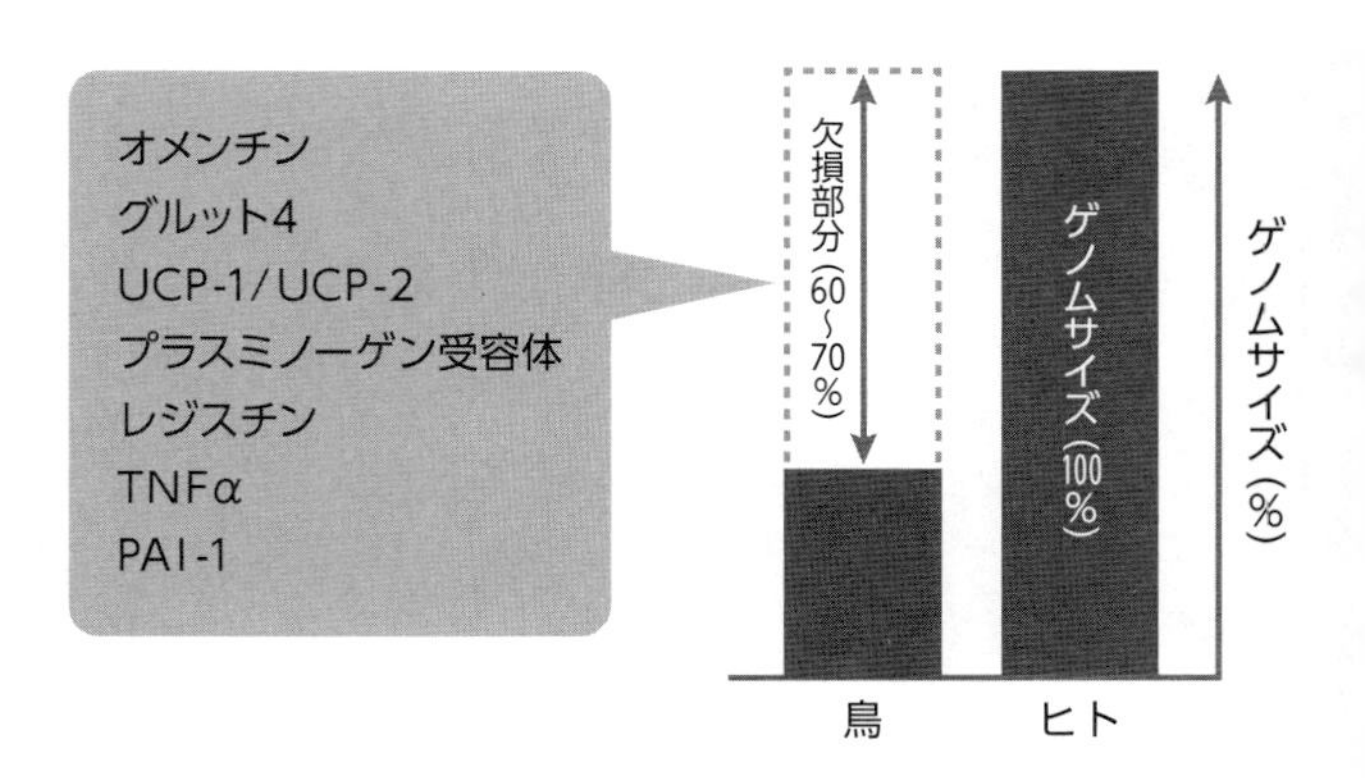

図32 鳥ではインスリン感受性に関与する多数の遺伝子が欠損(*75)

鳥は哺乳類（ヒト）と比較して、約３分の１のゲノムサイズしかない。このゲノム欠損に巻き込まれて、インスリン感受性の遺伝子が多数欠損している。これが獣脚類と鳥のインスリン耐性の直接的な原因だろう。

でエネルギー型になっているようなものだ（図33）。だから鳥のミトコンドリアは、フルパワーで働くことができるし、寿命も長い。

鳥と哺乳類では、ミトコンドリアの活性が大きく異なっていることを、多くの研究者が報告している（＊6）。ミトコンドリアを培養して、酸素消費やエネルギー生産量を測定することができる。

鳥のミトコンドリアは、酸素消費が高いのに、活性酸素の発生量が少ない。鳥のミトコンドリアは、活性酸素の消去装置として働くため、老化が抑制され、長い寿命を持つことができるのだ（＊9）。

これに対して、哺乳類のミトコンドリアは、酸素消費が少ないのに、活性酸素の発生量が多い。哺乳類のミトコンドリアは、活性酸素の発生源なので、哺乳類では強度の高い運動を持続すると、活性酸素が発生し、老化を促進する（196頁・図34）（＊9）。

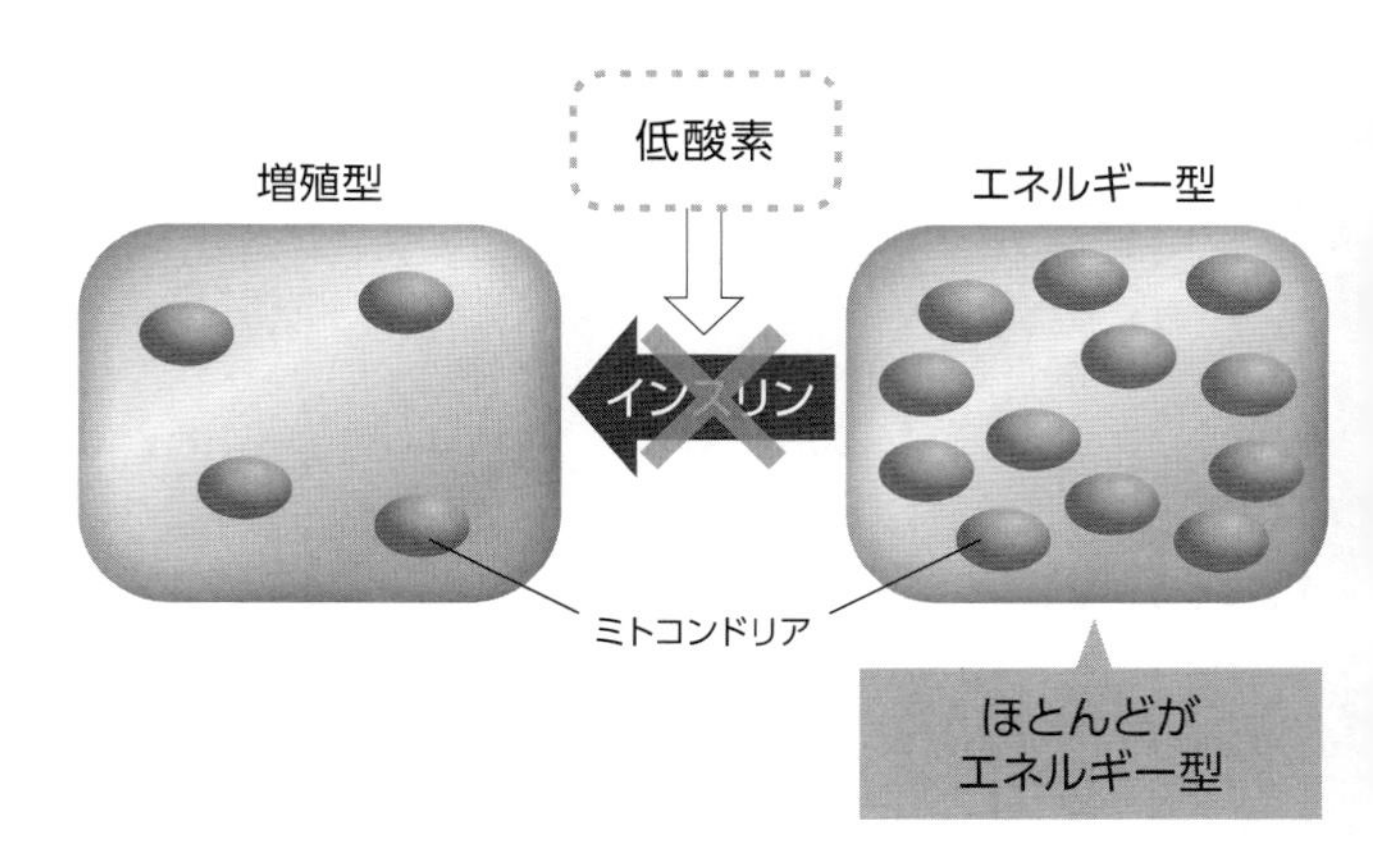

図33 獣脚類の低酸素への適応（*4）

真核生物は、酸素濃度の低下が起こった時、インスリンの感受性を上げて、ミトコンドリアの活性を抑制し、酸素消費を抑制しようとする（*64）。鳥や獣脚類では、この反応がまったく起こらない。鳥および獣脚類の系列では、インスリンに対する感受性を失っているからだ（*4）。このことによる最大の特徴は、ミトコンドリアが最大限に活性化され続けることである。初期獣脚類はインスリン耐性であるために、活性化されたミトコンドリアを持つエネルギー型の細胞が優位だったはずだ。

哺乳類のミトコンドリア

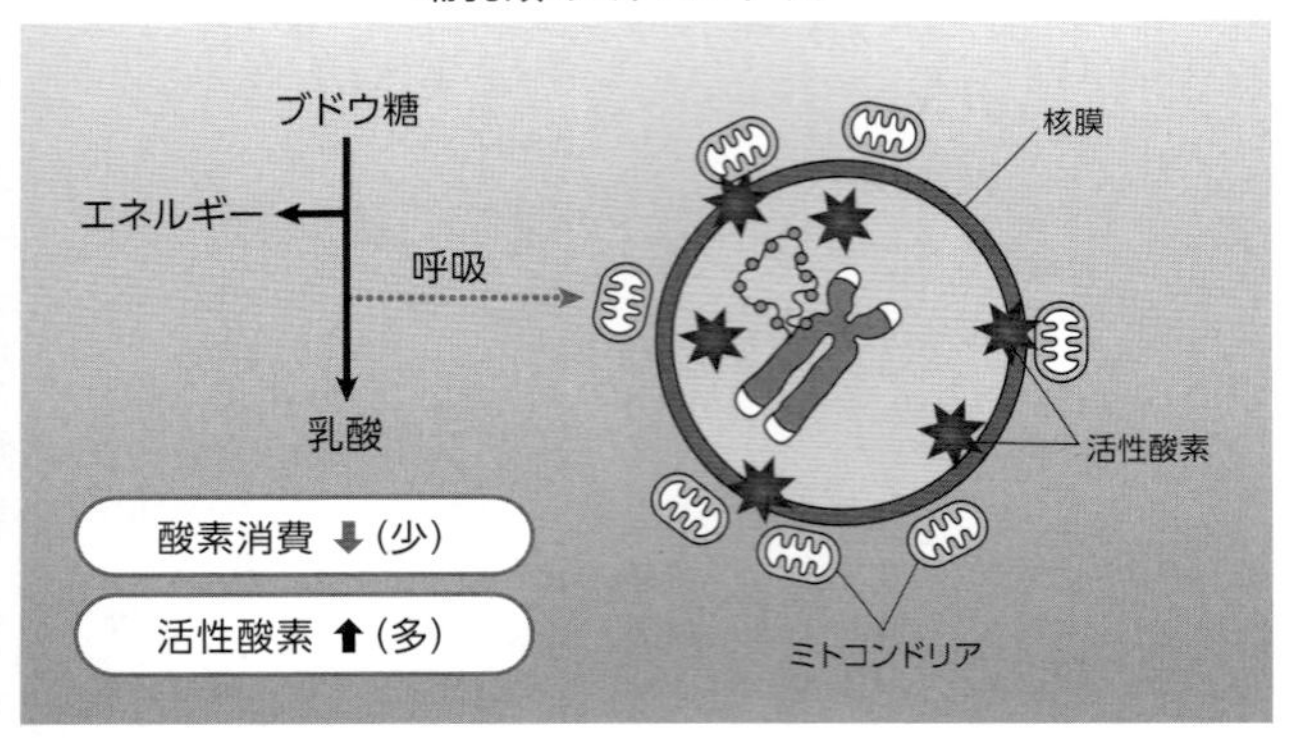

鳥のミトコンドリア（スーパーミトコンドリア）

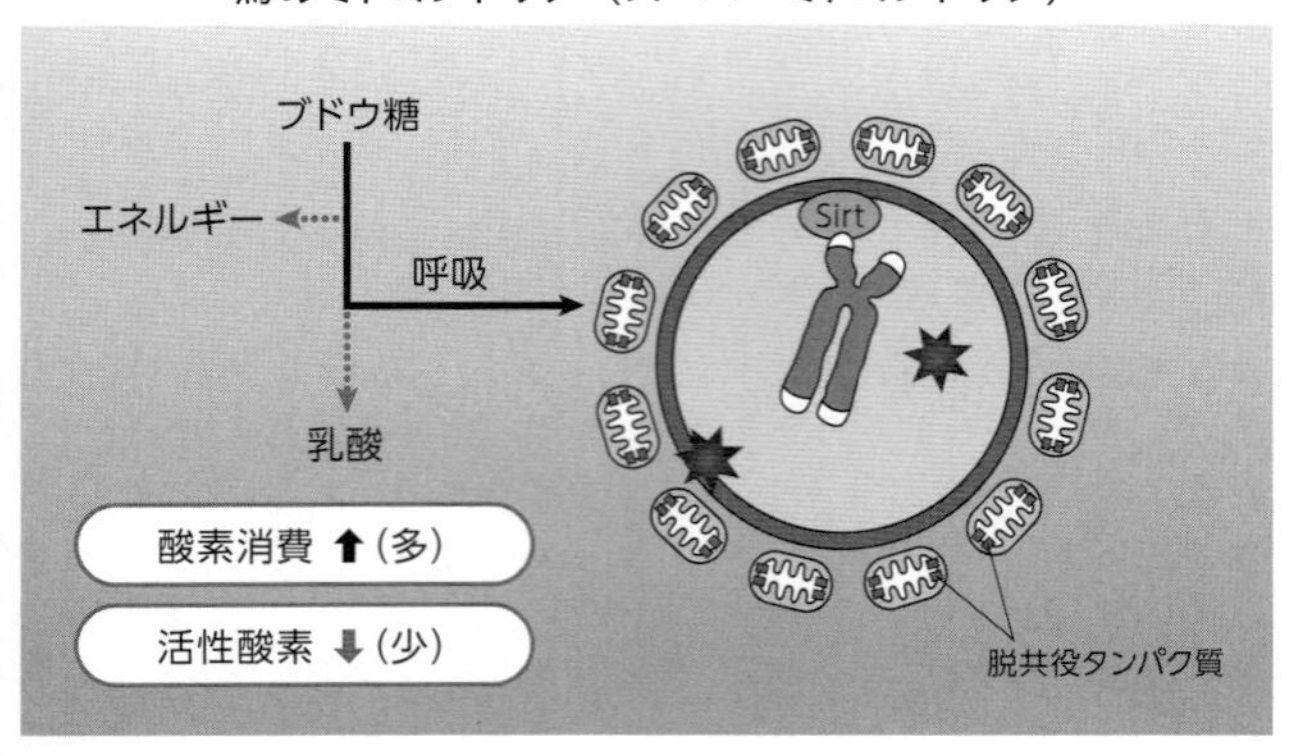

図34 哺乳類と鳥のミトコンドリア（*9）

哺乳類のミトコンドリアは、常にインスリンで抑制されているために数が少ない。酸素消費も低く、そして活性酸素の産生が高い。これに対して鳥のミトコンドリアは、インスリンの影響をほとんど受けないために、酸素消費が高く、活性酸素の産生は低い。

第III部

スーパーミトコンドリアが創った鳥と獣脚類

生物の中で別次元の運動能力を持つ、鳥と獣脚類の最大の生理学的な特徴は、スーパーミトコンドリアを持っていることだ。スーパーミトコンドリアを持つことによって、獣脚類は低酸素でも持続的な運動が可能になり、三畳紀の生態系を制覇した。さらにスーパーミトコンドリアを持つことで、鳥は哺乳類の数倍にもなる寿命と、哺乳類とは別次元の高い運動能力を持つにいたった。

第8章　スーパーミトコンドリアが創った獣脚類

（1）スーパーミトコンドリアが肺の壁を薄くした

三畳紀の生物の課題は、低酸素をどのように生き残るのかということだった。大部分の生物にとって、インスリン感受性を増加させて、酸素消費を減らす（＊64）ことが最も妥当な対処法だったろう。なにしろ約20億年前からこのようにして生物は生き残ってきたのだ。ＰＴ境界のように、正統な対処法では対応できないほどの低酸素が起こった時、大部分の生物が死に絶える（大絶滅が起こる）ことになる。

これに対して、獣脚類はこの正統な方法をとることができなかった。彼らはインスリン感受性を喪失したからだ。そのため、細胞を増殖型にして低酸素をやりすごすという正統的な方法をとれなかったのだ。空気中の酸素濃度がどんどん減っていく中で、逆に酸素消費を増加させたはずだ。さらに危機を招くのではないか？　これはもっともな疑問だ。

しかしながら獣脚類は、酸素供給を一挙に何倍にも増加させる秘策を持っていた。それは簡単で、しかも効果的な方法だ。

幸運にも獣脚類は、隔壁式の肺を備えていた（＊69）。秘策とは、その隔壁式の肺の上皮組織を、極限まで薄くすることだ（201頁・図35）。これにより、ガス交換能力をすぐに何倍にも増加させることが可能だっただろう。獣脚類は、低酸素に対して、酸素消費を減らす（＊62）という当たり前の策をとらなかったからこそ、可能になった解決策といえた。

スーパーミトコンドリア（＊5）が酸素消費を大きく増加させ、それに対応して肺の上皮組織を薄くすることで、酸素供給を増加させた。すなわち、酸素消費を抑制するのをやめて、酸素の供給を大幅に増加させる方法をつくり出したのだ。これにより、異次元の運動能力を手に入れたといってよい。これこそが歴史の大逆転といえた。

実際に、双弓類から獣脚類に進化した時、肺の上皮組織の厚さは5分の1になった可能性がある（図35）。図では、爬虫類（双弓類）から鳥類（獣脚類）への変化を示してある。これにより、大きな量の酸素の供給が可能になって、スーパーミトコンドリアをさらに活性化することになる。スーパーミトコンドリアによる酸素消費の増加と、肺の上皮を薄くすることによる酸素供給の増加は、相互に促進されて、持続的な運動を可能にした。

鳥と哺乳類の肺の組織を電子顕微鏡で比較すると、極めて明確な違いが見て取れる（203頁・図36）。鳥の肺の上皮組織は、哺乳類よりもはるかに薄く、哺乳類の肺よりも、はるかにガス交換能力が高いことがわかる。これはすなわち、鳥は、哺乳類よりもはるかに進化した肺を持っているということである。

獣弓類は、酸素濃度の高かったペルム紀に適応して進化したため、性能の低い肺でとどまっていた。そのため、三畳紀の低酸素には耐えられなかった。一方、獣脚類は、PT境界直後の短期間で大きく肺の体制を変えたことで、三畳紀の低酸素を乗り越えることができた。

PT境界直後に、獣脚類が肺の上皮組織を極端に薄くできた理由は、インスリン耐性と関係があったと思う。逆にいえば、インスリンこそが、肺の上皮組織を厚くする実体であるということだ。じつは医学研究では、インスリンが肺の上皮組織を厚くする実体である可能性を示唆する報告は数多いのである（＊77）。

すなわち、哺乳類はインスリンを使えば使うほど肺の上皮が厚くなって、ガス交換能力が

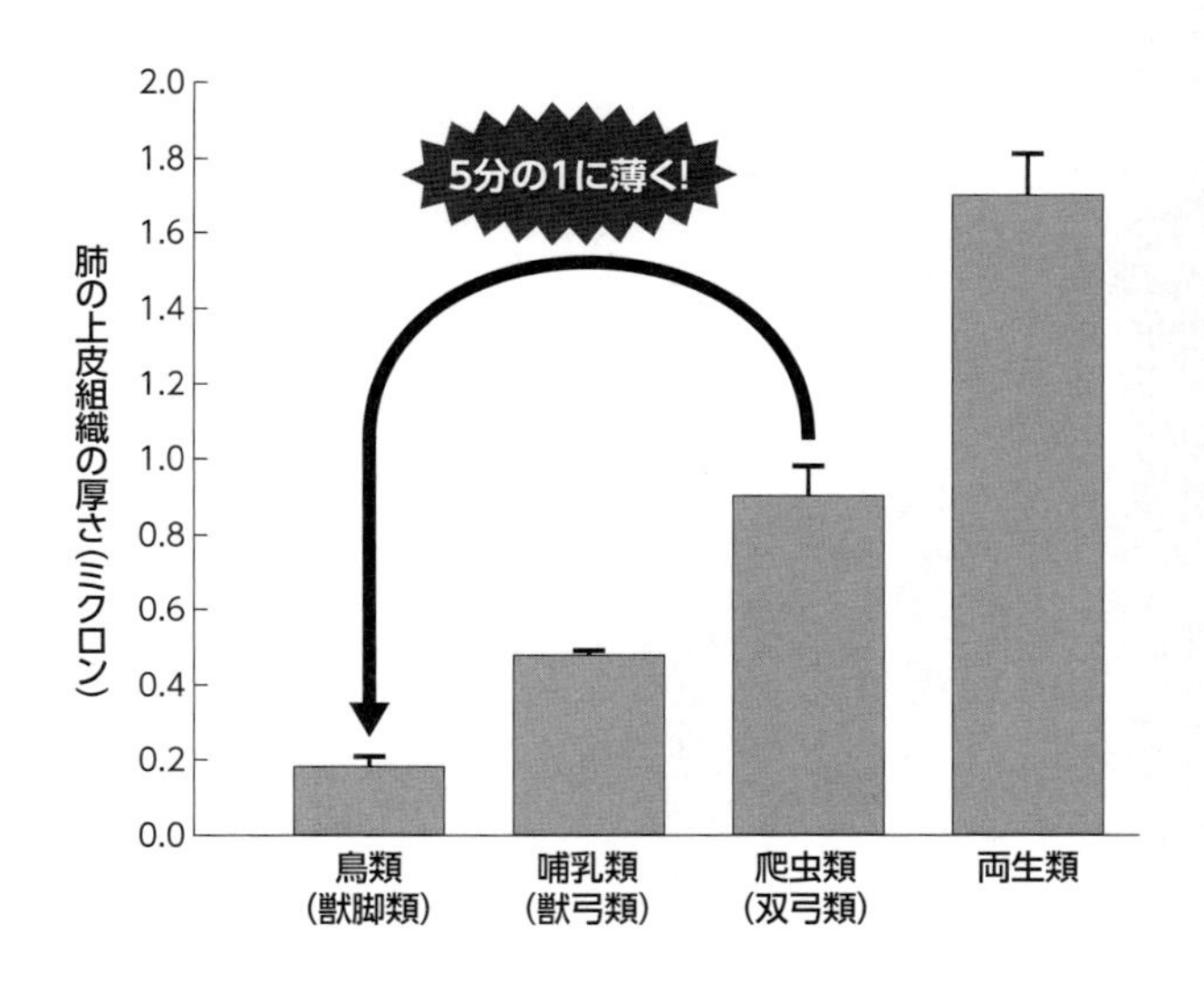

図35 肺の上皮組織の厚さが5分の1に（*76）

肺の上皮組織は、進化すればするほど薄くなる。これによりガス交換能力が増大する。両生類→爬虫類→哺乳類→鳥類の順に薄くなっているのがわかる。この順番は、どれだけ進化した肺を持っているかということでもある。両生類では1つの袋状の肺があるだけなので、肺の上皮組織が1カ所でも壊れれば呼吸がすべて止まるため、薄くすることができない。爬虫類（本書では双弓類）の肺は、一方向の空気の流れを完成していたので、肺の上皮組織の厚さを半分にすることができた。初期獣脚類は、肺の上皮組織を徹底的に薄くして、一挙に酸素の供給を増加させた可能性がある。

下がっていく可能性がある（＊77）。もしこれが正しいとすると、鳥はインスリン耐性であるために、インスリンの効果が現れない。このため肺は肥厚することがなく、肺の上皮組織が薄いままだということになる。

初期獣脚類が、ＰＴ境界直後にインスリンに対する感受性を失っていた（＊4）とすれば、この時すでに肺の上皮組織は、現在の鳥と同じレベルまで、極端に薄くなっていたことになり、その可能性は高いと思う。

さらには、赤血球の密度の差だ。鳥は哺乳類と比べてはるかに赤血球の密度が高い。短時間ですみやかに多くの赤血球のガス交換が可能だ。この差の要因の1つは、哺乳類は横隔膜を動かして強制的に空気を入れ替える必要があることだ。強制的に空気を入れ替えることで、肺上皮に常に圧力がかかり、多くの赤血球が肺の中に入れないため、赤血球の数が少ない。これに対して、鳥はこの圧力がゼロに等しいから、多くの赤血球が肺の中に入ることができ、それだけガス交換能力が高くなる。このように、哺乳類と鳥類の肺を比較すると、鳥の方がはるかに進化したガス交換能力を持っていることがわかる。

肺の生理学の世界的な権威であるジョン・ウェストは、鳥と哺乳類のガス交換能力に大きな格差がある根拠を明らかにしてきた。ジョン・ウェストは、もともと呼吸器内科の臨床医

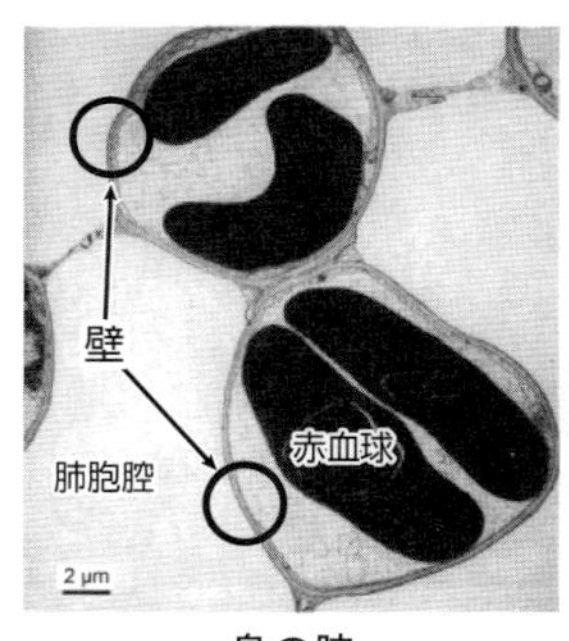

鳥の肺

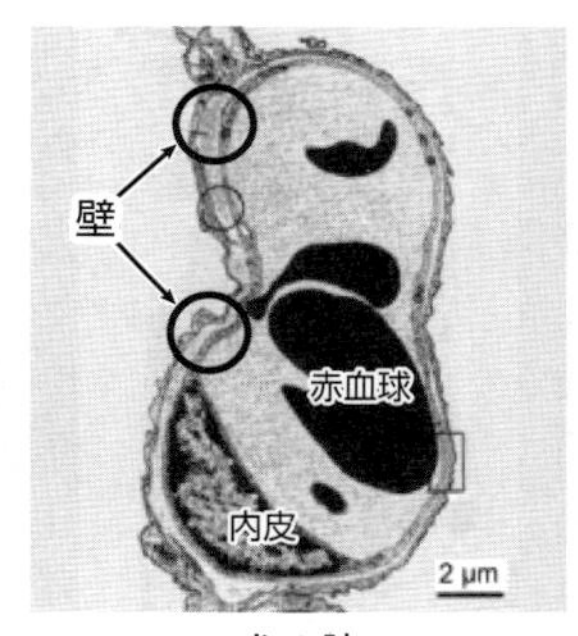

犬の肺

ジョン・ウェスト

図36 鳥の肺の上皮組織の厚さは哺乳類の３分の１（*76）

実際に鳥の肺の上皮組織の厚さは、哺乳類の３分の１しかない。鳥は哺乳類よりもはるかに高いガス交換能力を発揮する。ＰＴ境界直後に、獣脚類に高い運動性能を与えたのは、極限まで薄い肺の上皮組織だったと筆者は思う。これにより初期獣脚類は持続的な高速走行が可能になり、コエロフィシスは獣脚類のチャンピオンになったのだと思う。鳥はインスリン耐性であるために、肺の上皮組織は一生薄いままで、ガス交換能力はほとんど下がらない。一方、哺乳類は、インスリン感受性を死ぬまで保持するため、年齢を重ねるごとに肺の上皮組織が厚くなっていく。このため、年を取るにつれてガス交換能力が低下してゆくのだろう。

で、ヒトの肺の機能の限界を認識していたに違いない。ヒトが酸素を吸収するためには、肺胞壁が十分に薄くて柔軟性を持つ必要があるが、これを死ぬまで維持するのは容易ではない。肺胞の上皮組織は年齢とともに厚くなるからだ。これは、ある程度避けられない老化のプロセスだ。

ガス交換の能力低下を機能的に補うために、さらに強い力で横隔膜を用いて空気をひっぱる必要が出てくる。このためさらに肺胞の壁が厚くなり、ガス交換の効率が下がる。哺乳類の場合、ある程度、この悪循環は避けられない。

このように、肺胞式の肺は、宿命的な欠点を抱えている。臨床の分野で活躍し、呼吸器内科の教科書でも世界的に有名なジョン・ウェストが、「ヒトの肺は進化の失敗作」といったのはこのためだ（前頁・図36）（＊76）。

（2）持続的な高速移動が気嚢システムをつくった

獣脚類は、肺の上皮を極限まで薄くすることによって、異次元のガス交換能力を獲得した。これにより、低酸素下でも、獣脚類は持続的に運動することが可能になった。また、獣脚類はより強度の強い運動ができる方向に、全身の骨格を進化させた。これにより、群れで高速で移動して、酸素不足や熱中症で動けなくなった獣弓類などの大きな獲物を食べて、生き残ることが可能になったのだろう。

さらに運動は、彼らに大きなプレゼントを用意した。それは気嚢（＊7）の装着である（206頁・図37）。肺の導管（気嚢）を、中空になった大きな骨の中に収納すれば、換気量を大きく増大させることが可能である。彼らは、スーパーミトコンドリアによる酸素消費の増加を補って余りあるほど、酸素の供給システム（気嚢システム）を大きくすることができたのだろう。

持続的に運動すると、肺の中を高速で空気が移動する。酸素濃度の高い空気が次々に現れることになり、肺のガス交換能力はさらに増加する。このため、高速で走行する方向に進化を加速することになる。

三畳紀は、低酸素であるとともに、酷暑である。持続的に運動するためには、運動しながら効率的に放熱する必要がある。気嚢は、鳥や獣脚類では、全身の主な骨格や間隙（かんげき）に入り込んで、ほとんど全身のネットワークのようになっていた。すなわち気嚢は、全身を循環する効率的な空冷システムとして働く。これは三畳紀での大きな利点になった。

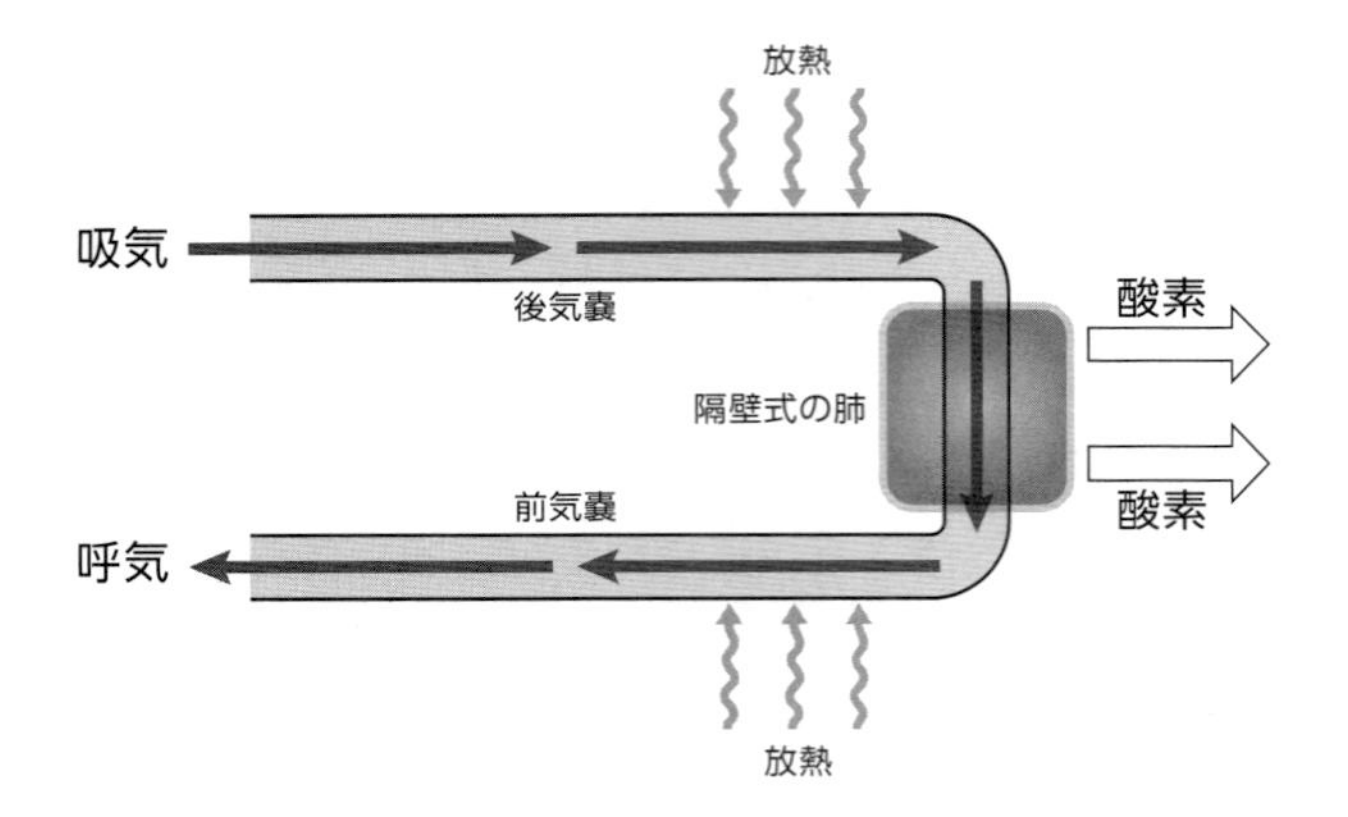

図37 持続的な高速走行と気嚢システム

肺の中の一方向の空気移動を大規模に起こすには、骨を中空化して、肺の導管の一部（気嚢）をそこに収納することだ。獣脚類は、全身の骨に収納された気嚢によって全身に空気の流れをつくることができた。酸素の供給は増加し、スーパーミトコンドリアは大規模に酸素を消費してエネルギーを生産する。このエネルギーを使って、さらに高速での走行が可能になる。

特に初期獣脚類は、一日中、数百頭の群れで、高速で移動しながら、狩りの獲物になる獣弓類や主竜類の子どもや弱った個体を探していただろう。高速で移動しながら、口や鼻腔から流れてくる空気は、混ざり合うことなく体内を通過することになる。しかも高速で運動すればするほど、その空気の循環は高速で起こる。

高速で移動すればするほど、ガス交換能力と放熱効果が増加するため、骨格は高速走行に有利なように進化したのだろう。初めて直立二足歩行を完成させたヘレラサウルス(＊30)からたった1千万年で、高速走行の完成形であるコエロフィシス(＊2)を出現させ、あっという間にヘレラサウルスを駆逐(くちく)してしまったのだろう。

走行が高速であればあるほど、効果的な放熱となる。獣脚類や鳥の体内のすべてには気囊が入り込んでいる。この気囊に直接、外気が流入する。もし時速30㎞の高速走行を持続的に行えば、時速30㎞の風速で体全体を空冷できることになる。後気囊(こうきのう)は大腿骨などの大きな骨の中空の空間を埋めているため、全身のレベルで放熱できることになる。だから酷暑の中で持続的に高速走行しても、獣脚類はほとんど熱中症になることはない。むしろ空冷システムが効率よく働くため、熱中症にさらになりにくいことになるだろう。

鳥や獣脚類が気囊システムを持つことによって、以下のようなことが起こる。

①ガス交換能力が格段に向上する。
②全身レベルの熱放散を可能にする。
③骨を中空化して骨を軽量化する。

このようなことから、初期獣脚類は一日中、持続的に高速で走行していたに違いない。彼らの気嚢システムの利点を生かすのに、一日中高速で移動する生活が最も適しているからだ。気嚢システムは、ゆっくりと歩行するよりも、高速走行した方が空気の流れが高速になり、放熱もガス交換も効率が跳ね上がるのである。

（3）ボディプランの大幅な変更――スーパースプリンターの誕生

獣脚類の先祖は、ペルム紀においては、現在のトカゲと同じ姿をしていたから、酸素の消費量は少なかった。これは現在のトカゲを見れば容易にわかる。何せ彼らは、よほどのことがない限り運動しないのだ。さらに、酸素濃度が高かったから、酸素は十分な量が供給できた。

ＰＴ境界の後、酸素濃度が急落すると、彼らは短い時間で大きく姿を変えた。すなわち直立二足歩行のスーパースプリンターになった。これには、酸素消費を大幅に増加させることが必要である。

この変化を、旧来の想定ではどのように考えていたか？

酸素濃度が３分の１になったのだから、酸素の供給量は大きく減少した。この減少分は、気嚢システムの装着によって補われることになる（次頁・図38）。この旧想定では、酸素の消費量を大きく増大させたことは考えていなかった。

実際に起こったことは、この想定の範囲内のものではなかった。これは、初期獣脚類と現在のトカゲの骨格の差異を見ればすぐにわかる。初期獣脚類の運動能力は、酸素の消費量を大幅に増加させることによってのみ可能だ。この大幅な増加は、ミトコンドリアの恒常的な活性化によって可能になると思う（図38）。

獣脚類がスーパーミトコンドリアを持っていたと想定すれば、低酸素の条件下での酸素消費の増加を説明できるし、これに対応して気嚢システムが開発されたと考えるのが理にかなっているだろう。獣脚類において酸素の供給を増加させるのは、それほど困難でなかったと

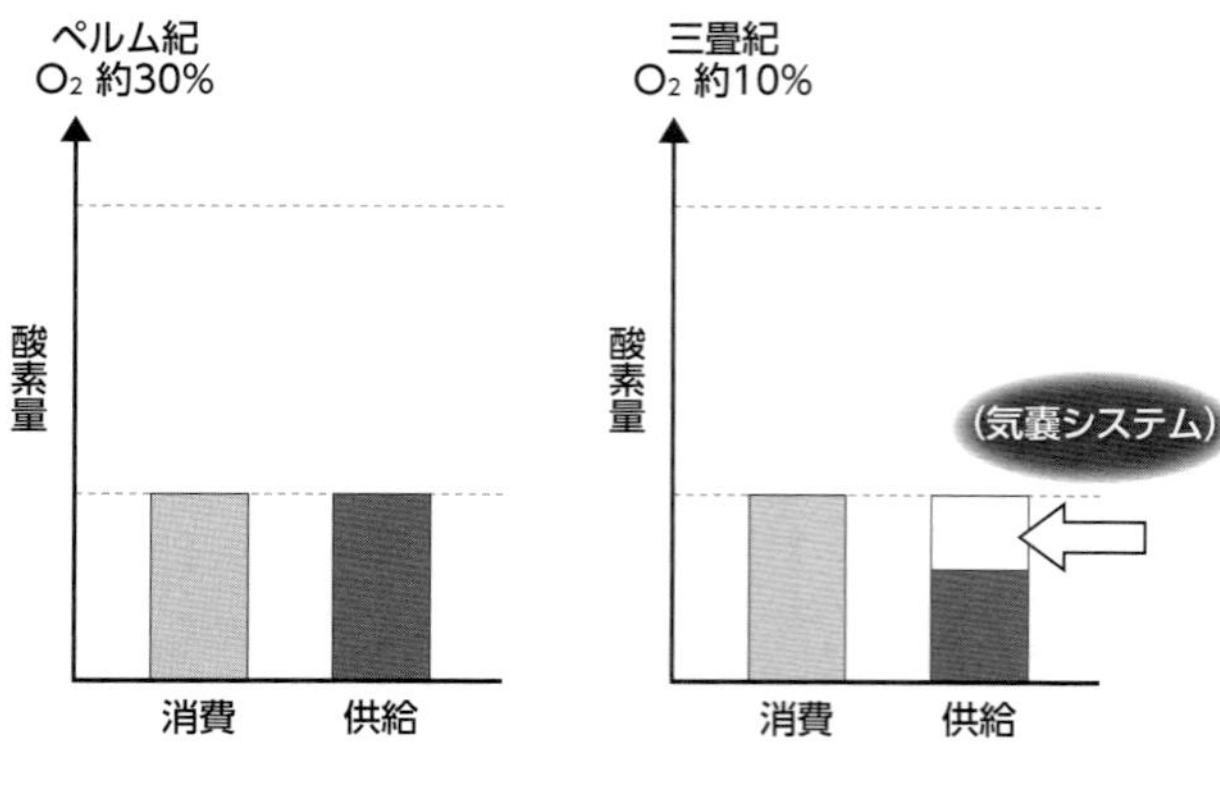

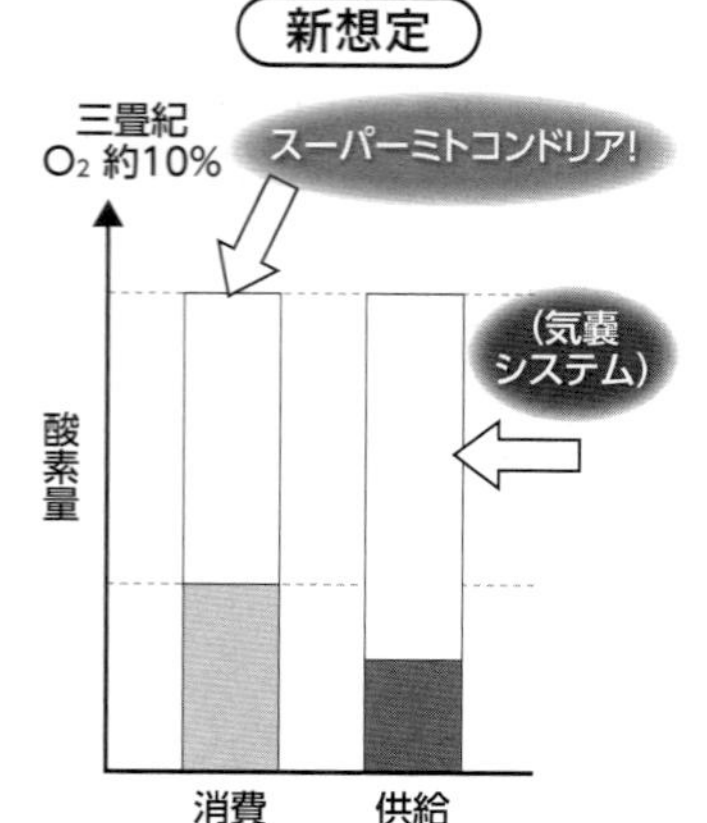

図38 初期獣脚類の低酸素への対応

旧想定では、酸素の供給だけが議論されている。気嚢システムの装着によって、酸素消費に対する不足分を解消されたという議論だ。獣脚類は、PT境界後の約3千万年間で、トカゲのような姿から、完成された直立二足歩行を行うスーパースプリンターに変貌を遂げた。酸素消費を大幅に増加させなければ、このような運動は不可能だ。

思う。繰り返しになるが、獣脚類は、空気が一方向に流れる肺を有していたからだ(＊69)。獣脚類は、肺の上皮組織を、いくらでも薄くできたのだ。これによって、酸素は供給が可能だっただろう(次頁・図39)。

隔壁式の肺の場合は、導管を延ばして中空の骨に収納して、これを袋状の構造にすれば、気嚢システムが完成する。初期獣脚類は多くの骨格が中空化されているから、ここに気嚢が収まっていたことは間違いない。

・

隔壁式の肺は、気嚢システムによって、一方向の空気の流れをさらに大きくした。呼気と吸気が混ざらないようにすることで、呼吸効率を飛躍的に増加させた。気嚢システムの効果による酸素の供給の飛躍的な増加は、同じように飛躍的な酸素の需要とセットになって起こったはずだ。

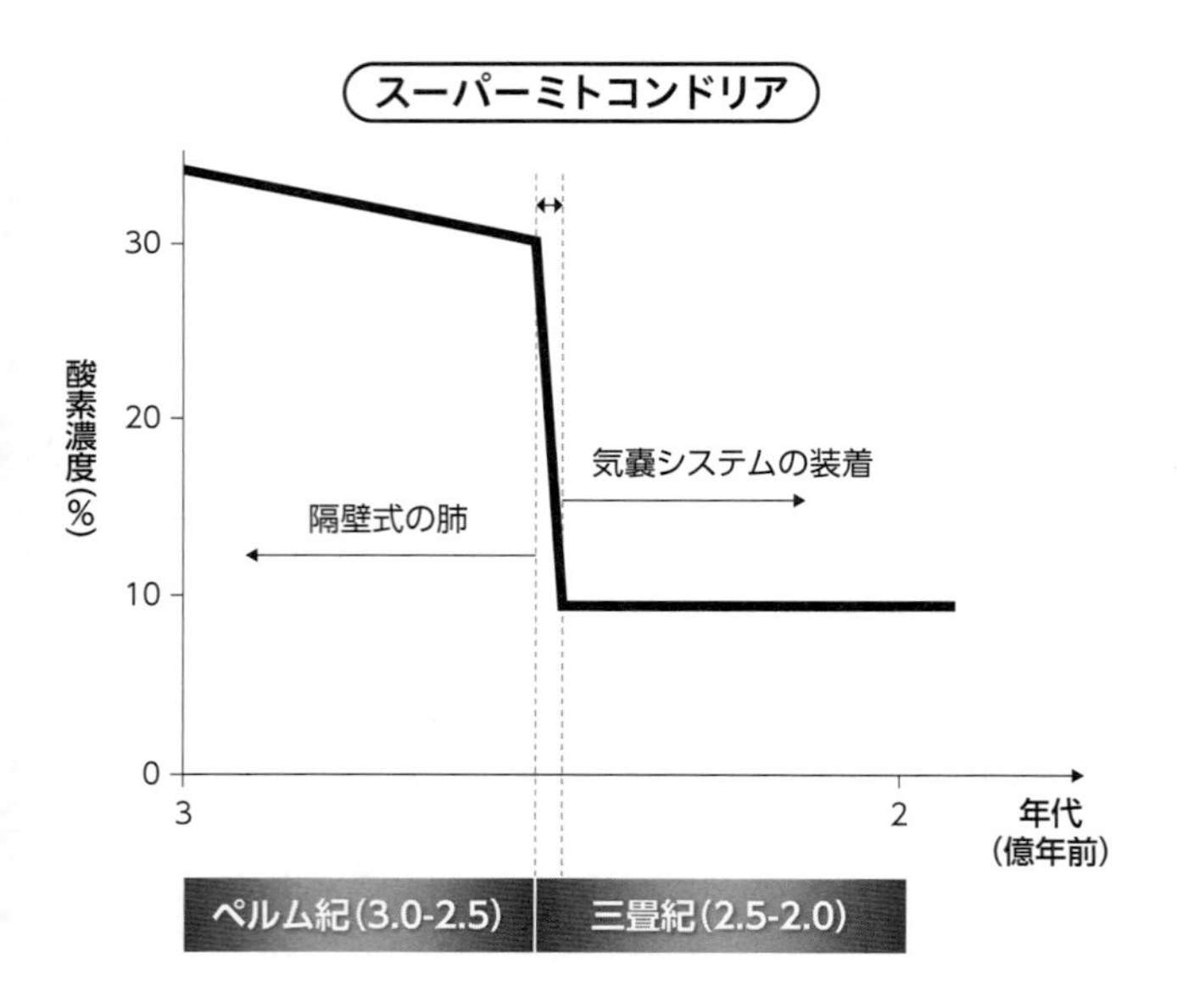

図39 獣脚類の低酸素への適応

ペルム紀末期までに、酸素濃度は高いレベルを維持しながらも徐々に下がっていた。PT境界の直後、獣脚類は全身の細胞がスーパーミトコンドリアで満たされることになったのだろう。これにより酸素消費が増加するため、気嚢システムが装着され、酸素の供給が増加したはずだ。

第9章　獣脚類の卓越した運動能力

(1) 三畳紀の生存競争

第1章の逸話に登場した3種類の動物は、三畳紀後期（約2億2千万年前）に生態学的な覇権を争った、3種の動物を代表している。プラケリアス(＊22)(獣弓類(＊3)、後の哺乳類)、ルティオドン(＊24)(主竜類(＊26)、後のワニの仲間）そしてコエロフィシス(＊2)(獣脚類(＊1)、恐竜の仲間）だ。

この3種の中で、覇権を握るのは、獣脚類だ。低酸素下でも持続的に運動することが可能になった初期獣脚類は、狩りの方法に革新をもたらした。

主竜類や獣弓類の狩りは、待ち伏せ攻撃、つまり、獲物が近くに来るのをひたすら待つしかなかった。一方、獣脚類は、獲物を少しずつ傷つけてひたすら追い回し、動けなくなるまで追い続けることが可能になった。持久力を活かして獲物を捕まえるのは、獣脚類だけができる方法だった。さらに、自分よりもはるかに大きな獲物であっても、捕らえることが可能になる。

三畳紀末期からジュラ紀初期にかけて、酸素濃度は10％程度だった。植物食の動物の数が減少すると、待ち伏せ攻撃の肉食獣は、さらに獲物が得られなくなった。

コエロフィシスが出現したのは、三畳紀後期（2億2千万年前頃）だといわれているが、それは空気中の酸素濃度が、脊椎動物が上陸してから最低のレベルになった時期だ。すべての脊椎動物は、低酸素でも生きていけるシステムを模索していた。低酸素への適応こそが、脊椎動物の生存を決めた。これが「三畳紀爆発」であり、哺乳類と鳥・獣脚類の基本的なボディプランが決定された（＊17）。

恐竜は大きく、鳥盤類（ハドロサウルス（＊31）の仲間、多くは4足の草食動物）、竜脚類（アパトサウルス（＊78）の仲間、多くは4足の草食動物）、そして獣脚類（ドロマエオサウルス（＊15）の仲間、多くは2足の肉食動物）の3つのグループに分けられる。

本書で主に取り上げるのは、鳥の直接の先祖といわれる獣脚類である。獣脚類が恐竜の中で、最も低酸素への適応に成功したグループであったからこそ、鳥という脊椎動物で最も進化したグループを生み出し、現在にいたっている。

三畳紀初期に最も数が多かった主竜類は、三畳紀末にはワニの仲間などを残して、ほとんどが絶滅した。たとえばワニの先祖は、真夏のアリゾナの砂漠のような風景が広がるパンゲア大陸に、点々と残る、浅い淡水域に適応し、両生類を追い出して棲み着いた。

またペルム紀に最も繁栄していた哺乳類は、一部の種を残して全滅した。わずかでも獣弓類が三畳紀を生き残らなければ、人類は生まれなかった。また哺乳類は、横隔膜を発明し、酸素の取り込みを増やして、体を極端に小型化し、地中の穴の中で子孫をつないだ。

(2) 獣脚類・鳥の進化

主な選択圧が低温であったとされるペルム紀には、インスリンの感受性を高く保つ方が有利になる。すなわちインスリンの作用によって、厚い皮下脂肪で体を覆い、体温を保つのである。ただ、インスリンはミトコンドリアがフルパワーで働くのを阻害するため(＊28)、高い運動能力を持続させることができなかった。これがペルム紀の獣弓類の姿である。厚い皮下脂肪があって、ミトコンドリアがインスリンに常に抑制されているために、動作は大変に鈍いままだった。

これに対して、三畳紀は低酸素（10％程度）で高二酸化炭素（0・2％程度）だった。6000mの高度と同じ酸素濃度であり、気温は真夏のアリゾナの砂漠の真昼のようだった。今のアリゾナと異なるところは、夜もあまり気温が下がらないことだ。

この時、インスリン耐性の方が有利になる。獣脚類はインスリンの作用が最小限であるため(＊4)、ミトコンドリアがフルパワーのまま運動を持続できるようになった(＊5)。また獣脚類はこの時期、外温性(＊25)であったので、熱放散が有利になり、さらに持続して運動能力を発揮できた。この運動能力で、獣脚類は、食物連鎖の頂点に立つことになる。表10は獣脚類・鳥と哺乳類の、環境への適応の有利・不利を比較したものである。

ジュラ紀前期までは、三畳紀と同じ条件が強く継続した。ジュラ紀後期以降（1億5千万年前頃）は徐々に酸素濃度が増加するが、この酸素濃度の増加は、獣脚類の大型化・運動能力の向上をもたらし、生態学的な覇権を強化した。白亜紀以降の酸素濃度はほとんど20％程度であり、主な選択圧は低温になった。

紀	酸素	二酸化炭素	選択圧	覇権
ペルム紀	高	低	低温	獣弓類
中生代	低	高	低酸素	獣脚類
新生代	高	低	低温	鳥/哺乳類

表10 主な選択圧と脊椎動物の覇権の推移

ペルム紀は酸素濃度が30％程度、二酸化炭素が0.03％程度で、両極には氷河があり、現在と同じように四季があった。この時は、低温に適応できる内温性を獲得した獣弓類が有利になった。中生代には、酸素濃度が低くなり、二酸化炭素濃度は高く温暖だったため、低酸素に適応した獣脚類が有利になった。新生代は酸素濃度20％程度、二酸化炭素濃度0.03％程度で、低温が主な選択圧になった。内温性（*23）を獲得した鳥類や哺乳類が有利になった。

大きく見れば、酸素濃度が低い時は、獣脚類が覇権を握り、酸素濃度が高い時は、哺乳類が覇権を握った。獣弓類や哺乳類は、酸素濃度の高い時しか生きていけない。獣脚類や鳥は異なる。酸素濃度が高くとも低くとも、適応できる能力を持っている。将来、酸素濃度が低下しても、十分な適応能力を持つ。

今後、酸素濃度が低下して、ヒトが滅びた後、覇権を握るのは鳥であろう。あるいは地上に降りて再び巨大化することさえありうる。その時、彼らのビジュアルはどのようなものになるだろう？

（3）哺乳類の苦闘

獣弓類はガス交換能力の低い肺しか持っていなかったが、酸素濃度の高かったペルム紀においては問題が生じることはなかった。そもそも彼らの運動能力は、低いレベルにとどまっていたから、彼らの肺で十分な酸素を供給できた。

しかしＰＴ境界（＊11）の後、酸素濃度が急落すると、どのような反応が起きたか。

現在の哺乳類の生理学から推察することは難しくない。哺乳類が低酸素環境に暴露される

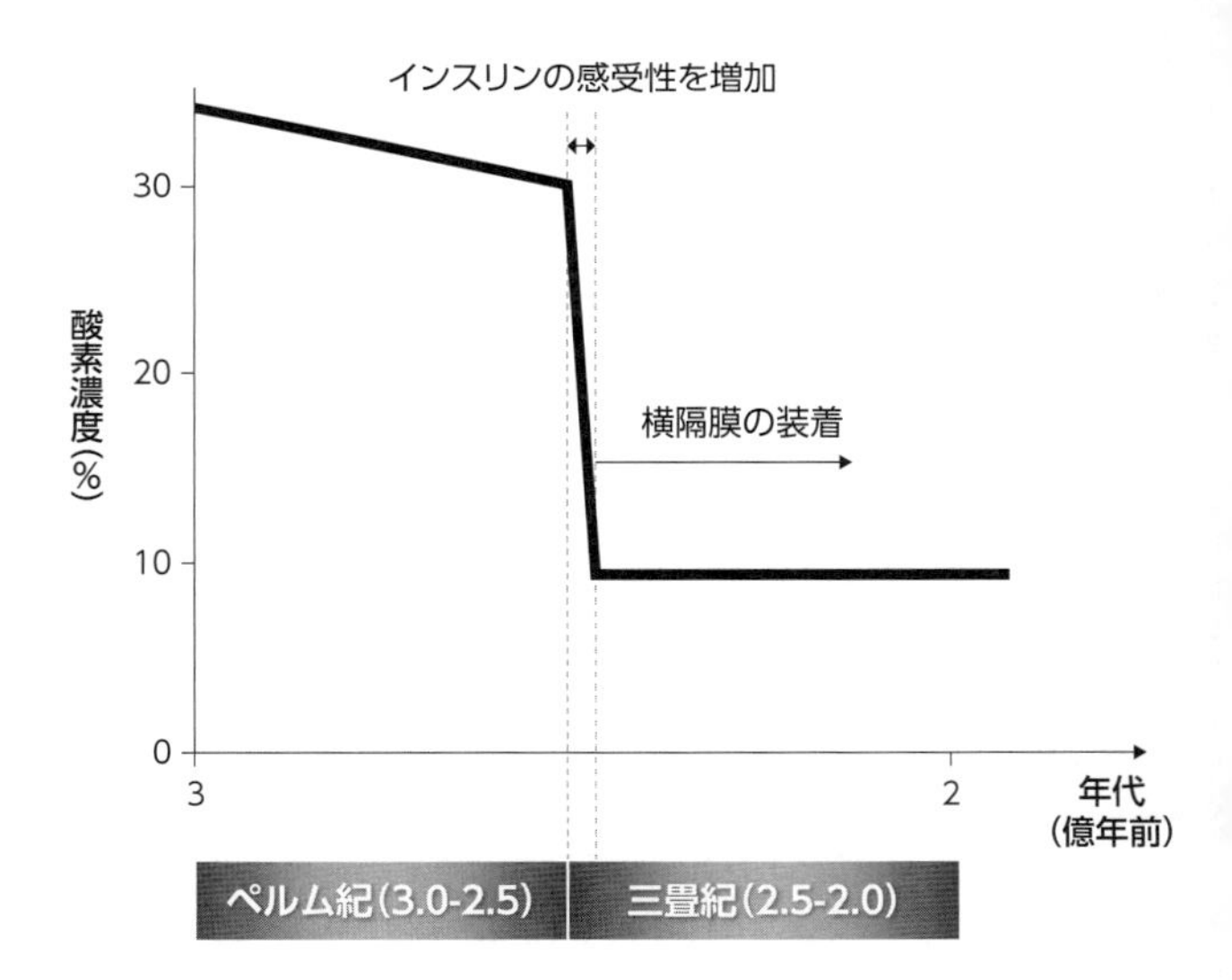

図40　獣弓類の低酸素への適応

三畳紀には、獣弓類の貧弱な肺ではまったく適応ができないほどの酸素濃度の低下が起こった。このような状態が持続すると、さらにインスリンの感受性を上げて、ミトコンドリアの酸素消費を減らそうとする。この状態では、さらに運動ができない状態になる。これが三畳期後期以降の状態だ。

と、まず起こることは、呼吸数を増やして換気量を増やそうとすることだ。

これでも対応できないとなると、次の彼らの対応は「酸素濃度はいずれまた高くなる」と淡い期待を持ちながら、運動のレベルを下げること、すなわちじっとしていることだった。

この低酸素がさらに持続すれば、起こることは、インスリンの感受性の増加だ(＊64)。インスリンは細胞内のミトコンドリアを強く抑制する。これにより、さらに運動を抑制する。これしか彼らには方策がなかった(前頁・図40)。

獣弓類は低酸素に対して、わずかなボディプランの変更しか行っていなかった。獣弓類は低酸素に暴露した際、インスリンの感受性を上げて(＊64)、ミトコンドリアの酸素消費を減らして、肺からの酸素の供給不足に対処しようとした(図41)。

しかしこの程度では、PT境界での酸素不足は解消されなかったはずだ。常に酸素が不足しているため、ゆっくりとした運動しかできなかった。このため獣弓類の運動は、非常に緩慢で、獣脚類の格好の獲物になった。

哺乳類の先祖である獣弓類には、三畳紀のすさまじい環境中では、獣脚類との生存競争を勝ち抜く要素が何ひとつなかった。彼らのミトコンドリアは活性化されていなかったために、低酸素では運動を維持することができなかった。インスリンの感受性を保持したため皮下脂

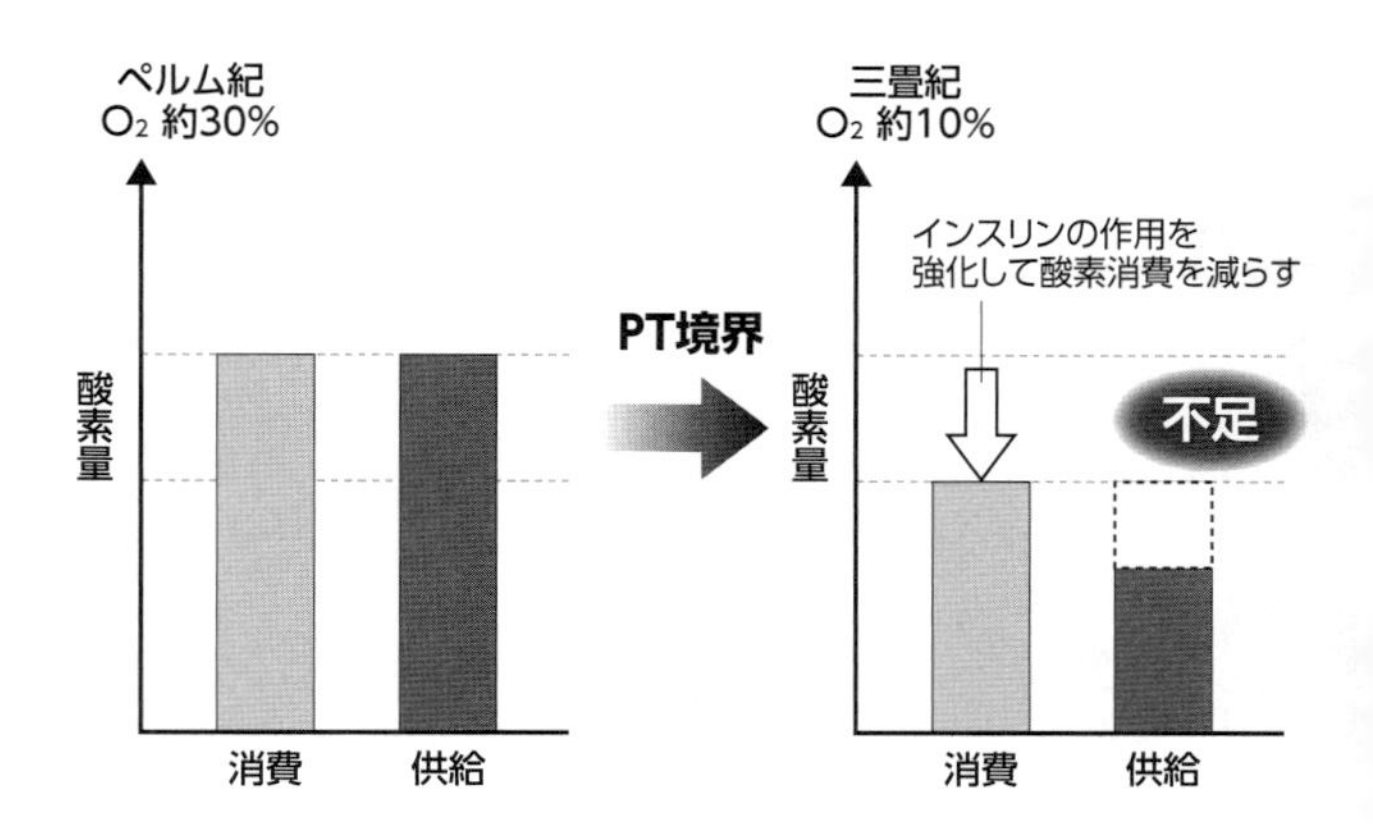

図41 獣弓類の低酸素への対応

獣弓類は、空気中の酸素濃度が低下すると、酸素消費を下げて、酸素の供給不足を補おうとする。不足を補えないほど酸素濃度が低下すれば、全体的な運動量を低下させるしかない。これが、獣弓類が高速スプリンターである獣脚類に駆逐された基本的な理由である。

肪が蓄積した。これが熱中症になる危険性を高めた。

　彼らの唯一の生活場所は、涼しい地中に掘った穴しかなかったから、昼間はそこでじっとしていることしかできなかったのではないか。そして少しは温度が下がる夜に外に出かけて、獲物を探す習性ができた。夜に獲物を探すために、嗅覚を発達させた。これがジュラ紀の哺乳類の姿であろう。

　獣弓類も、三畳紀にボディプランの多少の変更を行っている。横隔膜を装着して、ポンプ式の肺の機能を持ったことだ。これにより、腰椎（ようつい）から出る肋骨（ろっこつ）を失うことになった。プラケリアス（＊22）では肋骨が腹部まで覆っているが、トリナクソドン（＊79）では肋骨が覆っているのは胸部だけである。これはトリナクソドンが横隔膜を装着したからだ。現在の哺乳類につながるのは、横隔膜を装着したトリナクソドンである。

　大腿骨が肋骨に邪魔されないので、まっすぐ下に配置され、骨盤から真下に伸びる後肢で体を支えることができた。背骨をくねらせずに前進することができ、運動しながら呼吸することができるようになった。すなわち呼吸と運動の分離が進んだのである。

　ただ、この改革は時期を逸（いっ）したものだった。簡単にいえば、すでに手遅れである。獣脚類は進化のはるか前方に行ってしまっていて、追いつくことは困難だった。

哺乳類の変革はまことに小さなもので、低酸素への適応は不完全なままだ。現在の哺乳類も、低酸素への適応は、いまだ不完全だ。ヒトは特に不完全だ。ホモ・サピエンスは体の一番高いところに、低酸素に最も弱い大きな脳を置き、それを支えている。

たとえば富士山（３７７６ｍ）程度の高さの山の山頂まで登った多くの人が、低酸素による頭痛や吐き気に苦しむことになる。脳の機能は、まことに危ういばかりの空気中の酸素濃度に支えられている。これはホモ・サピエンスの、種としての決定的な弱点ではないかとさえ思える。

哺乳類の肺の能力には余裕があまりないので、もし酸素濃度が下がれば、とても種としての維持はできないということになる。酸素濃度が下がるという災難が、将来起こらないことを祈るだけである。

第10章　鳥はもっとすごい！

（1）体温42℃の衝撃

小鳥を手で抱っこすると、大変に温かく感じる。これは鳥の体温が、ヒトの体温37℃よりもはるかに高いためだ。

鳥の体温を調べた報告は数多い。表11は、主な飛行する鳥と飛行しない鳥、および哺乳類の体温を比較したものだ。飛行するためには、すぐに強度の強い運動ができる状態にしておくことが必要だ。このためには体温を常に高く維持しておく必要がある。

この比較を見ると、明らかな傾向があるのがわかる。特に、飛行する鳥は40℃以上であり、

<table>
<tr><td>アヒル</td><td>42.1℃</td><td rowspan="4">飛行する鳥
（直上に離陸）</td></tr>
<tr><td>カッコウ</td><td>42.1℃</td></tr>
<tr><td>ハト</td><td>41.8℃</td></tr>
<tr><td>スズメ</td><td>41.5℃</td></tr>
<tr><td>ペリカン</td><td>40.7℃</td><td rowspan="2">飛行する鳥
（滑空が必要）</td></tr>
<tr><td>アホウドリ</td><td>39.3℃</td></tr>
<tr><td>エミュー</td><td>39.0℃</td><td rowspan="3">飛行しない鳥</td></tr>
<tr><td>キーウィ</td><td>38.4℃</td></tr>
<tr><td>ダチョウ</td><td>38.3℃</td></tr>
<tr><td>猫</td><td>38.1℃</td><td rowspan="4">哺乳類</td></tr>
<tr><td>馬</td><td>37.7℃</td></tr>
<tr><td>チンパンジー</td><td>37.0℃</td></tr>
<tr><td>人</td><td>37.0℃</td></tr>
</table>

表11 鳥と哺乳類の体温

体温は以下の順に高い。飛行する鳥>飛行しない鳥>哺乳類の順である。特に真上に飛び上がることができる鳥は、体温が高い。飛行能力と体温に深い関係があるのは、飛行するためには、羽毛や気嚢のような構造を変える必要があるのはもちろんのこと、さらに細胞内の代謝を大きく変える必要があるからだろう。もっと具体的にいえば、ミトコンドリアの活性のレベルを上げなければ飛行は不可能だ。

飛行せず地上で暮らす鳥の体温は40℃以下である。

たとえば、ヒトの体温は約37℃で、ハトの体温は約42℃である。この5℃の差は、羽毛があって保温能力が高いというだけで説明できるものではない。鳥のエネルギー代謝がヒトのエネルギー代謝のレベルとはまったく別次元であることを示している。

エネルギー代謝の中心は、いうまでもなくミトコンドリアである。この差は、ヒトのミトコンドリアと、ハトのスーパーミトコンドリアとの、生み出すパワーのレベルの違いを反映している。ハトはこのようなスーパーミトコンドリアを持っているからこそ、体温を42℃に維持できるし、飛行できる。羽毛や風切り羽根を持つことだけで飛行能力を議論するのはまったく意味がなく、ミトコンドリアから話を始める必要があるということだ。

すなわち飛行は、細胞のエネルギー代謝を大きく変革しないと、可能になることではない。であればこそ、本書では、鳥への進化の起点をスーパーミトコンドリアにおいている。

飛行するためには、常に高い代謝活性を維持する必要がある。鳥の飛行能力は、ミトコンドリアが常時高い活性レベルを保持することによってのみ可能になるといえる。

これをふまえれば、内温性を獲得し、鳥の先祖となったドロマエオサウルス科の後期獣脚類のスーパーミトコンドリアから生み出されるエネルギーと、それにより可能になる運動能力は、地上生活をしている鳥類と同じレベルであったと考えられる。

オストロムが１９６４年に辿り着いた結論「ディノニクス（＊38）は飛べない鳥だ」は、このようなことを述べたものだろう。したがってドロマエオサウルス（＊15）科の後期獣脚類の体温は、おそらく38℃と40℃の間ではなかったかと思う。地上で暮らすダチョウやエミューはこのレベルの体温だ。ドロマエオサウルス科の獣脚類のエネルギー代謝と、そこから生み出される運動能力は、地上にいる鳥と同じレベルにあったと思う。

表11（225頁）からは、もう１つの特徴を見出せる。飛行に移る際に長い滑空が必要な鳥（ペリカンとアホウドリ）と、その場ですみやかに直上に飛び上がり、すぐに飛行に移ることができる鳥（ハトなどの鳥）とで、体温に差があることだ。

滑空を必要としない鳥の体温は42℃に近く、滑空を必要とする鳥は40℃付近である。鳥がその場で直上に飛び上がるためには、自力で羽ばたいて十分な揚力を得る必要がある。直上に飛び上がる能力を維持するためには、細胞が生み出すエネルギー代謝のレベルをさらに一段上げる必要がある。

このためには、胸骨に大きな竜骨突起があり、大きな胸筋がついている必要がある。これはハトの骨格を見ればよくわかることだ。滑空を必要とする鳥は、滑空をしながら揚力を得るため、ハトのような大きな筋肉を胸につける必要がない。

とはいえ、このような構造上の違い以上に、真上に飛び上がる能力については、ミトコンドリアの活性が決めている可能性がある。だから体温が違うのである。

じつは、初めて空を飛んだ始祖鳥（アーケオプテリクス）（＊14）は、竜骨突起がまったくなかったため、ハトのように真上に飛び上がることは不可能で、長い滑空距離を得るか、または木から飛び降りてすぐにグライダーのような飛行に移る必要があった。始祖鳥は40℃を少し下回る程度の体温だったと推察できる。

滑空を必要とせずに、真上に飛び上がって自ら揚力をつけることができるようになったのは、いつ頃からなのだろう。これは胸骨にある竜骨突起の大きさで、かなり正確にわかるのではないか。このような滑空を必要としない飛行が可能になったのは、新生代になってからではないか。

というのも、白亜紀までの鳥の骨格を見れば、すべてが竜骨突起の発達が未熟なのだ。ほとんどが、滑空による飛行か、木から飛び降りる方法を使っていたのではないかと思われる。真上に飛び上がれるような鳥は、白亜紀まではいなかったと思われる。新生代になってから、ミトコンドリアからの発熱のシステムが増強され、このような飛び上がり方が可能になった可能性がある（225頁・表11）。

わかりやすい例でいえば、ジェット戦闘機は長い滑走路が必要だ。滑走しなければ十分な揚力を得られないからだ。そんな中で、真上に離陸するハリアー戦闘機の映像を中学生の頃に初めて見た時の興奮は忘れられない。垂直離着陸機ハリアーは、まことに革命的な技術だった。

ただジェットエンジンの噴出口を下に向ける、という簡単な話でないことは十分に想像できる。すべての構造を見直す必要があっただろう。ただハリアーは、垂直離着陸にあまりにも大きなエネルギーを必要とするので、ジェット戦闘機の最も必要な要素である速度や航続距離を犠牲にしていた。

大きさは違うので単純比較できないが、垂直離陸できる鳥は、真上に揚力を得るために、強力なパワーを瞬時に生み出すための新しいスーパーミトコンドリアが必要であったろう。

これが体温と何か関係があるのか？

体温はどのようにして調節されるのか？　これはミトコンドリアからの発熱が主な熱源であることがわかっている。ただし、通常のミトコンドリアはその発熱はわずかで、体温を一定に保てるほどの熱を発生することはできない。次頁の図42で示す「共役（きょうやく）」の状態である。

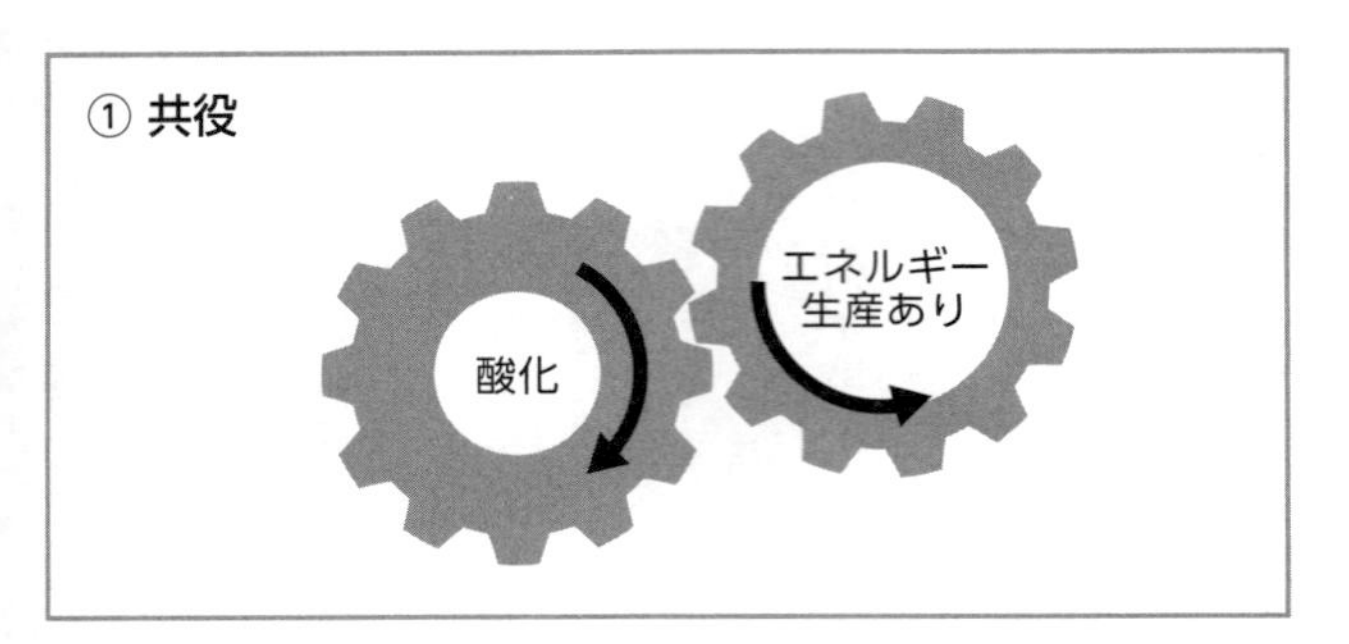

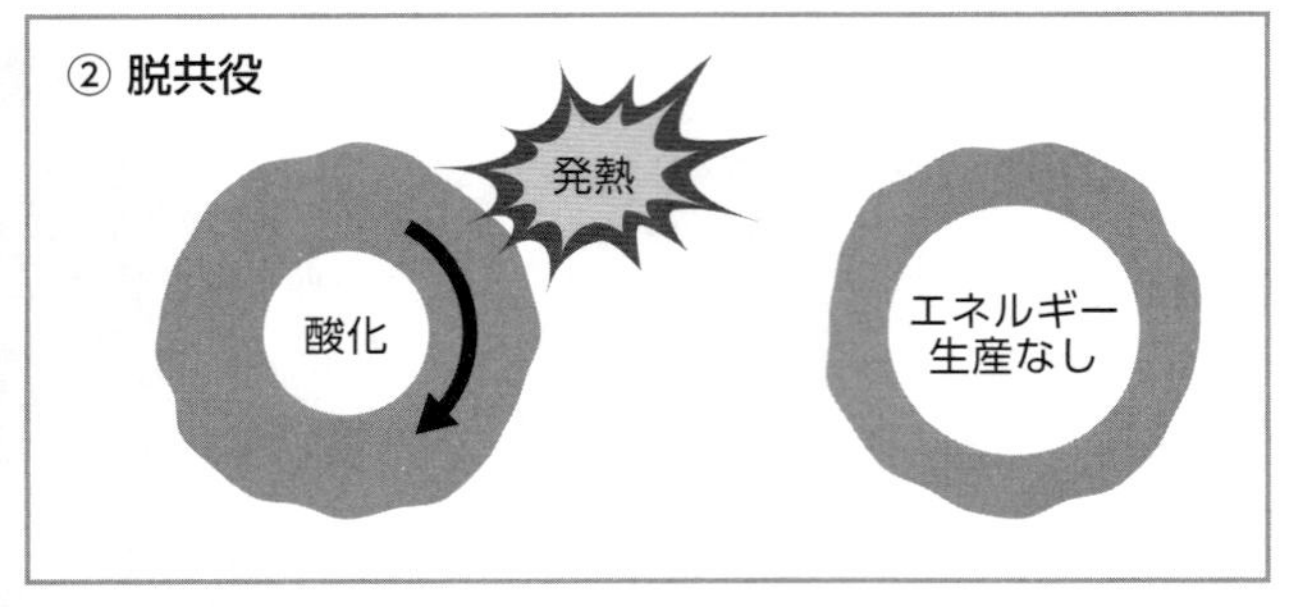

図42 脱共役による発熱

「共役」とは、基質（たとえばブドウ糖）が酸化されることで放出されるエネルギーが、エネルギー基質（ATP）の合成に使われる状態をいう。ミトコンドリアは通常「共役」の状態にある。基質の酸化で発生したエネルギーは、ほとんどがエネルギー生産に回ることになる。この時、ミトコンドリアからの発熱はわずかである。

「脱共役」とは、基質が酸化されることで放出されるエネルギーのほとんどが、熱を産生することに使われる状態をいう。鳥の体温が高いのは、「脱共役」の割合が哺乳類よりもはるかに高いため、発熱量が大きくなるからである。

この「共役」の状態の時は、ミトコンドリアはエネルギー（ATP）を生産するが、発熱をあまり行わない。

しかし「脱共役（だっきょうやく）」の状態では、ミトコンドリアはエネルギー（ATP）生産をしないが、発熱を行う。内温性（＊23）の動物は、ミトコンドリアを脱共役させることによって熱を産生し、体温を一定に保とうとする。

ところで、ハトなどの高い飛行性能を持つ鳥は、ほとんど40℃以上の体温を持つ。これは生物の中でも高い体温である。これは鳥が常に高い割合で「脱共役」を行っているからだ。たとえば哺乳類では、10％程度が脱共役されているにすぎないが、鳥では20～30％程度だといわれている（＊80）。これにより体温を42℃に保っている。鳥においては、がん、認知症や糖尿病などの、ヒトでいう成人病はまれで、また哺乳類に比べて、感染症も圧倒的にまれな事象である。この体温42℃というのが、鳥の長寿が可能になっている1つの要因であることは間違いない。

この熱産生は強力である。たとえばザゼンソウの発熱を見ればわかる（233頁・図43）。この場合、基質の酸化の大部分は、ミトコンドリアからの発熱に使われている。すなわちエネルギー生産の大部分が発熱に使われている。ザゼンソウという初春に東北の山野に咲く花である。外温がマイナス10℃でも、花のめしべは20℃を保っている。

鳥と哺乳類の体温が高いのは、ミトコンドリアでの熱産生の能力が高いためだ。体温が5℃程度高いことは、鳥の生理学に基本的な変革をもたらす。免疫が哺乳類よりも常時高い活性を保つことだ。特に体温が37〜42℃の範囲で、大きく免疫の活性が変わることが知られている。体温が1℃上がるごとに免疫活性が数倍になるという報告もある。

体温が高い状態だと、特にバクテリアによる感染症にかかる可能性は極端に低い。さらに腫瘍(しゅよう)免疫だって活性が高いのだから、がんが極端に少ない。だから鳥は、死ぬ直前まで飛行できるし、よぼよぼになって動けなくなるということが極端に少ない。鳥は、多くの人が望む「ピンピンコロリ」(死ぬ直前まで健康で突然死ぬこと)を実現している生物なのである。

(2) バードパラドックス

筆者はコザクラインコという鳥を飼っている。体重50gほどの小さな体で、脳の重量は数グラム程度なのに、その高い知性に目を見張る。人間の言葉を覚え、どのような状況でその言葉を使うかを理解している。何種類もの感情表現があり、同じ程度の体重のマウスなどの

岩手大学農学部・伊藤菊一教授の提供

図43 脱共役によるザゼンソウの発熱（*81）

生物はみずから発熱することによって、体温を高く保つことができる。生物の発熱のもとがミトコンドリアであることは、ザゼンソウであっても、ヒトであっても、鳥であっても変わらない。

げっ歯目と比べても、はるかに感情表現が豊かなように感じる。

鳥の小さな脳が持つ高い能力には、まったく驚くばかりだ。鳥の知能の研究で有名になったオウムのアレックスは、人間でいえば5歳か6歳程度の知能を持ち、場面ごとに言葉を適切に選択して用いることができたし、足し算や引き算もできた。鳥は脳が小さいのに、知能は高いのだ。

また鳥は、哺乳類よりもかなり長生きだ。たとえばオウムは40年生きる。同じぐらいの体重のウサギは10年くらいしか生きない。

このように、一般に鳥が哺乳類よりも長寿であるのはなぜか？　実際に、鳥より飼い主の方が先に死んでしまって、後が困るというのはよく聞く話だ。

鳥は高い運動能力を持っていて代謝活性が高いのに、哺乳類より何倍も長生きだ。これは生物学では大きな謎の1つで、「バードパラドックス（鳥の矛盾）」といわれる。

バードパラドックスの基本は、インスリンに対する感受性を失っていることにある。表12に示すようなバードパラドックスの形質は、約2億2千万年前の獣脚類（例：コエロフィシス）がすでに備えていたと思う。

このような形質は、低酸素という強力な選択圧のもとで、原始的な爬虫類（双弓類）から

形質	哺乳類	鳥
寿命	短い	長い
肥満	多い	まれ
活性酸素	多い	少ない
酸素消費	低い	高い

表12 バードパラドックスの形質

バードパラドックスの根拠の１つは、鳥がスーパーミトコンドリアを持っていることにあるのではないか。鳥は酸素消費が高いのに、活性酸素の産生量は少ない。このために寿命が長く、肥満が少ない可能性がある。

獣脚類が進化する過程で生み出されたものだからだ。

繰り返しになるが、鳥は素晴らしい才能を持っている。たとえば、

・運動能力が高い。
・糖尿病はゼロ。
・肥満はほとんどない。
・脳が小さいのに知能が高い。

などである。

鳥のこれらの超能力を生み出す、最も基本的な要因は何なのか？

現在、これに関する研究は、百花繚乱（ひゃっかりょうらん）の様相を呈している。鳥は哺乳類に比べ、高い運動性能を有し、酸素消費も高い一方、活性酸素の放出が少なく、がんや肥満などの生活習慣病になることも非常にまれで、平均寿命も哺乳類の倍以上である。

この「バードパラドックス」と呼ばれる現象は、生理学者の興味を何十年にもわたってとらえてきた（前頁・表12）（＊82）。

（3）鳥はなぜ長寿なのか？

インスリンは血糖値を下げるのに必要で、働きが弱まると糖尿病になるという、あのホルモンだ。重症化した糖尿病患者さんが、血糖値を下げて命を守るために使う、スーパースター的な存在のあの魔法のタンパク質だ。

インスリンは、すべての多細胞生物において決定的な役割を持っている。インスリンの作用について順次解説する。

インスリンの重要な生理作用は３つある。

①血糖値を低下させる（＊27）。
②老化を促進する（＊83）。
③ミトコンドリアを抑制する（＊28）。

ヒトにおいては、インスリンが肥満や老化を促進するといわれている。実際にインスリンを「肥満ホルモン」「老化ホルモン」の実体であると考える生物学者は多い(＊83)。

一方、多くの鳥の研究者は、鳥がインスリンに対して感受性がほとんどないか、非常に低いことを報告している(＊74)。インスリン感受性がない鳥においては、以下のようなことが起こる。

①血糖値が高い。
②老化が抑制される。
③ミトコンドリアの活性が高い。

インスリンが生物の寿命に関わることが初めて発表されたのは、線虫を用いた実験からだ(図44)。線虫といっても寄生虫の線虫ではなく、土壌から実験用に採取された種だ。線虫の寿命は2～3週間程度であるため、寿命の研究に最適だった。その線虫に、〝ｄａｆ2〟と呼ばれる特別な変異株が発見された。〝ｄａｆ2〟は、寿命が1カ月から2カ月もあった。すなわち3倍から4倍長く生きる変異株だった。そしてこの変異株の原因遺伝子が、インスリンの受容体をコードしていたことがわかったのである(＊83)。

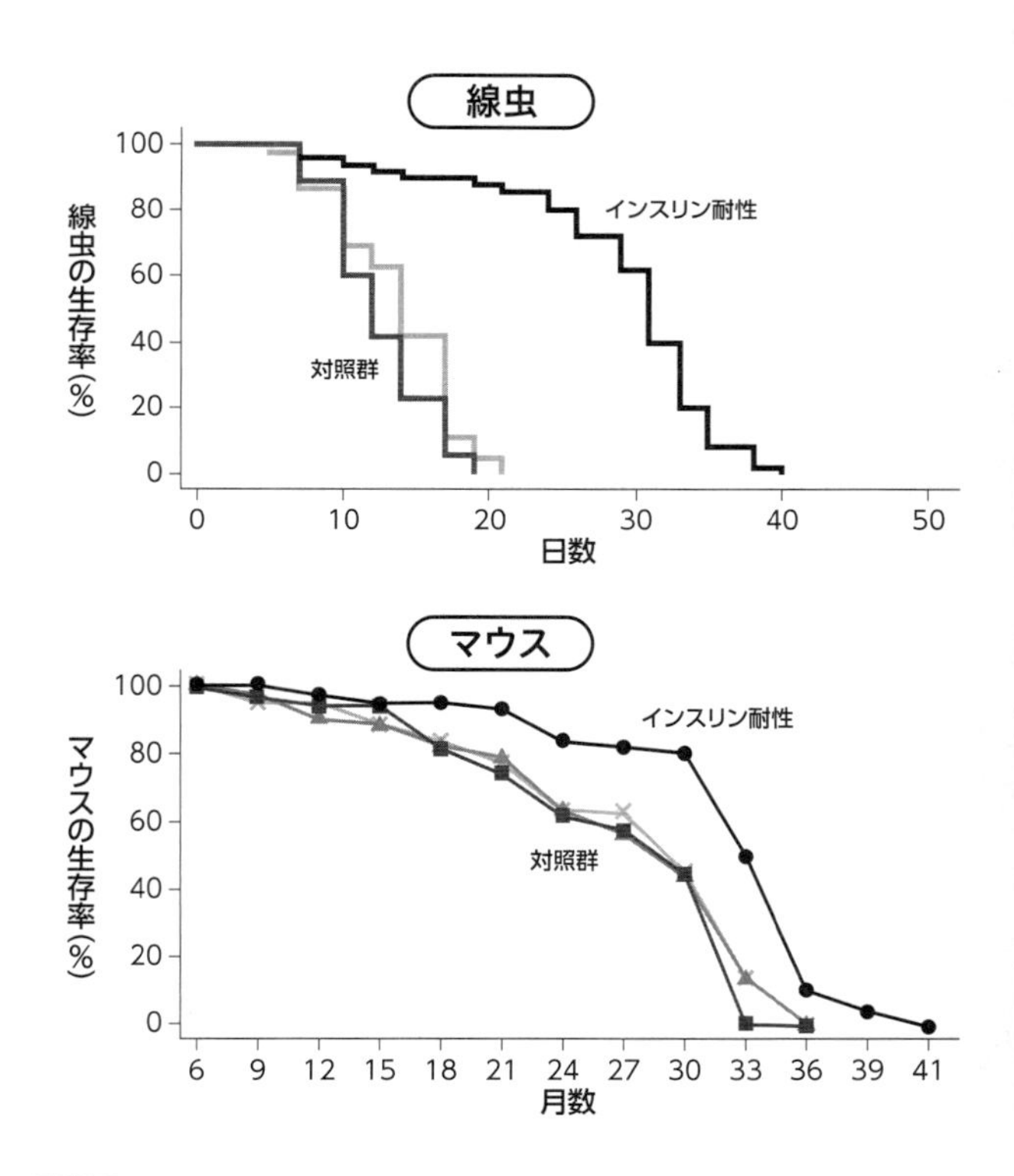

図44 インスリンは老化ホルモン (＊83、＊84)

生物の寿命の研究には、モデル動物として線虫が用いられる。線虫は変異体を取りやすく、寿命が2週間程度しかないので、短期間で研究が進む。線虫でインスリンの効果がない変異体では、寿命が2～3倍に伸びる。これは1993年に発表され、これ以降、老化研究の中心は、インスリン学説であり続けている(＊83)。インスリン学説は最初、線虫で提案されたが、マウスでも正しいことが示されている。脂肪組織でだけインスリンを働かさないマウスは、寿命が30%程度増加することが示され、マウスでもインスリンは老化ホルモンであることがわかっている(＊84)。先述の「バードパラドックス」の原因の少なくとも一部は、「インスリン耐性」によるものである可能性は高い。特に、寿命が長いことは、インスリン耐性で説明できる。

すなわち、インスリンが作用し続けると、寿命は短くなる。インスリンを使えば使うほど、老化が促進される。逆にいえば、インスリンを使わなければ寿命は長くなる。インスリンは「老化ホルモン」である可能性が示唆されたのである。

この可能性は、線虫ではもちろん正しい。マウスでインスリン耐性を導入すると、寿命が大幅に延長されるから、マウスでもある程度正しい(＊84)。

鳥でも哺乳類でも、インスリンは初期発生に必要で、インスリンの作用がなければ、発生は進まない(＊85)。哺乳類は死ぬまでインスリンに対する感受性を保持するので、すみやかに老化して、世代交代する。

これに対して、鳥は成熟するとインスリンの感受性を失い、インスリンの作用が最小のまま生き続ける。すなわち鳥が長寿なのは、成熟後にインスリンに対する感受性を失うからだといえる(＊86)。

鳥ではインスリンの作用が抑制されているので、ミトコンドリアはいつも活性化されて、高い酸素消費が維持されるようになる(＊9)。これが、鳥が卓越した運動能力を生み出す基本的な理由だ。鳥の細胞が多くのミトコンドリアを抱えていて、高いミトコンドリア活性を持っている。鳥が長寿である直接的な要因は、スーパーミトコンドリアを持っているということに帰着するかもしれない（＊9）。スーパーミトコンドリアは酸素消費が高いのに、活性酸素をほとんど遊離しないからだ。

体温を高く保つことによる利点は、大きく以下の3点である。

①すぐに強度の高い運動が可能である。
②免疫活性を高く維持できる。
③がん細胞の増殖を抑制できる。

ヒトが風邪をひいた時、発熱して免疫活性を上げることによって、風邪から回復しようとする。この時、体温が上昇するのは、ある程度生理的な反応である。ヒトの場合、免疫活性の最大値は40℃くらいにあるから、免疫活性を上げて早く回復しようとしている（＊87）。またがん細胞は、40℃以上、特に42℃程度では増殖が抑制されるため、がんの治療に温熱療法が用いられることがある（＊88）。

であるから、もともと体温が42℃以上の鳥では、感染にもがんにも肥満にもなりにくい。生活習慣病などほとんどありえないことがわかる。鳥は老齢まで運動能力を維持して、ピンピンコロリで死ぬことが多いのはこのためだ。

（4）気嚢システムとは？

鳥類と哺乳類のガス交換能力において、決定的な差を生み出しているのは、呼吸器の構造の大きな違いだ。すでに述べたことだが、特に鳥には肺の上皮の薄さと、気嚢システムの存在がある（＊76）。

鳥類の肺は、気嚢があることによって、常に酸素濃度の高い（新鮮な）空気で満たされる。空気が一方向に流れ、吸気と呼気（排気）が混ざり合わないからだ。

これに対して、哺乳類の肺は行き止まりの構造（単なる袋状の構造）なので、新鮮な空気と酸素濃度の低い空気が混ざり合ってしまい、鳥ほどガス交換能力が高くない。

気嚢システムのすぐれたところは、肺の中が常に新鮮な（酸素濃度の高い）空気で満たされることにある。鳥類では大きな骨（たとえば脊椎、頸椎（けいつい）、胸骨、上腕骨など）の多くは、中が空洞になっている。もちろん1つには、体を軽くするという目的もある。さらに重要なのは、気嚢がこの空洞に入り込んでいることにより、体を大きくせずに高いガス交換能力を

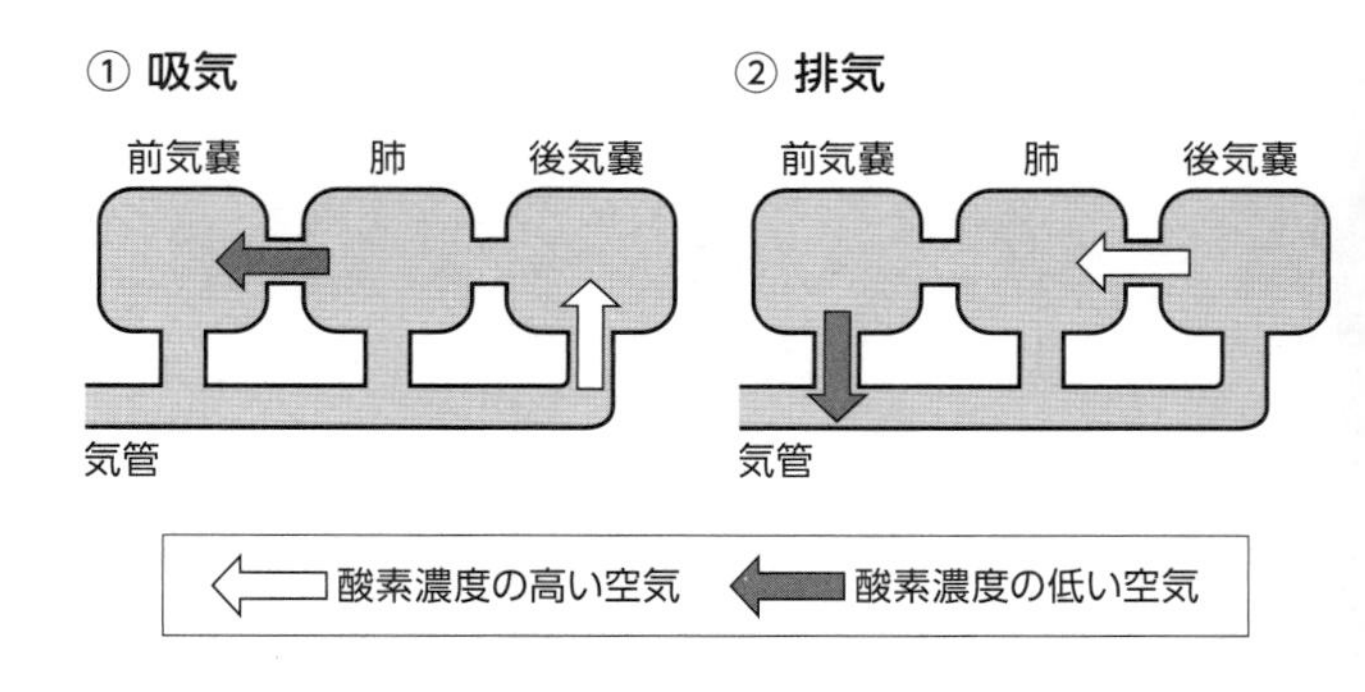

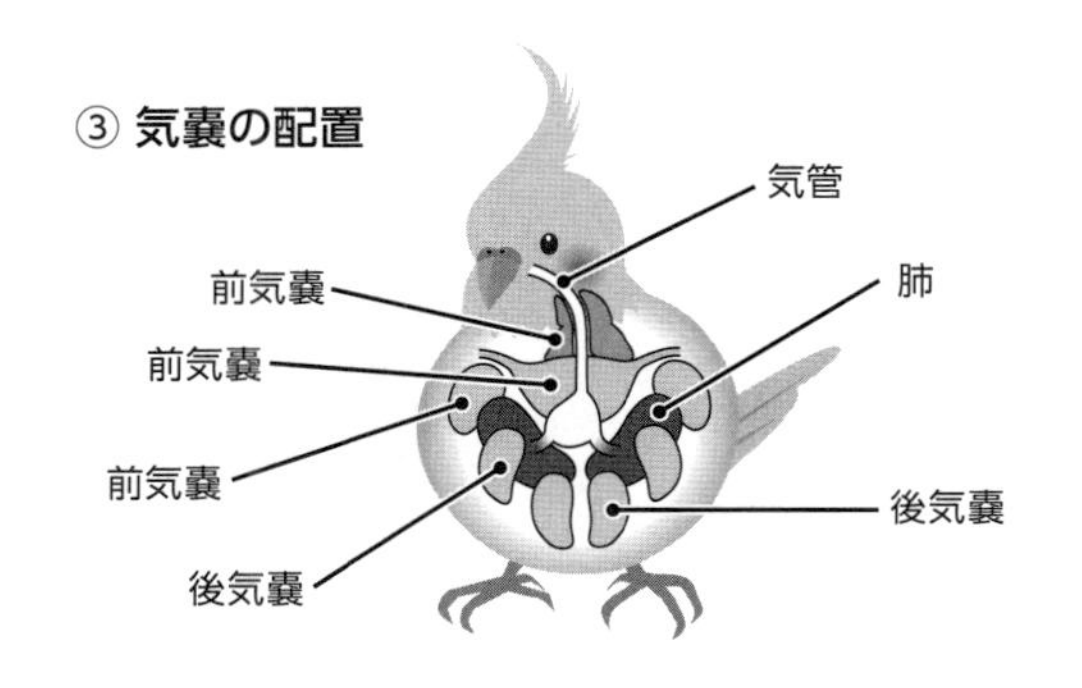

図45 気嚢システム（*7）

鳥類では肺の前と後ろに２つの気嚢、前気嚢と後気嚢があり、それぞれが肺と気管につながっている。空気を吸うと（吸気）、新鮮な空気はまず後気嚢と肺に入り、これに押し出される形で、ガス交換が完了した空気が肺から前気嚢に移動することになる。さらに空気を吐くと（排気）、後気嚢に充填された新鮮な空気が肺に流れ込み、これに押し出される形で、ガス交換の完了した前気嚢にある空気は、気管へと移動する。このシステムのすぐれたところは、肺の中が常に新鮮な（酸素濃度の高い）空気で満たされることである。

可能にしていることだ（前頁・図45）。

鳥類は気嚢を持つことによって、鼻腔から入った空気は流速をほとんど変えることなく、全身を回って口から出てゆくことになる。この体全体を通る空気の流速が速ければ速いほど、ガス交換能力が増加することになる。

気嚢システムには、酸素の取り込み効率を上げるもう1つのよい点がある。これもすでに述べたことだが、哺乳類では横隔膜というポンプで圧力をかけるため、肺胞の壁がある程度の厚さを持たないと強度を維持できない。薄くしすぎると肺胞が破れてしまい、すべてが台無しになるからである。

しかし、鳥では圧力がかからないため、肺の上皮を徹底的に薄くすることが可能である。これまでにも述べてきたように、肺の上皮の膜が薄いということは、それだけ効率よく酸素が通過できるということになる。

あとがき　恐竜ルネッサンスから生命科学へ

私は、岩手県のいちばん南にある一関(いちのせき)市の花泉町(はないずみまち)というところの田舎の中学校の生徒だった。たしか中学3年生の秋で、小春日和の暖かい土曜の午後だった。その日は、午前中で学校が終わり、早めに帰ろうと思ったが、途中の本屋で少し立ち読みしようと思って目に留まった本が、『大恐竜時代』という新書の本で、著者はアドリアン・J・デズモンドという人だった（＊40）。その表紙のティラノサウルスの顔が印象的で、思わず衝動買いをしてしまった。

この本は今、私の手元にあるが、カバーのそでの部分に掲載された『タイム』の誌評はこのように述べている。

「われわれの飼っている小鳥が、恐竜の生き残りなどと信じられようか？　しかし、本書の生物分類の系図をたどってゆくと、どうしてもそうなってしまう……。」

後で知ったことだが、その本を書いた時、著者のデズモンドとその盟友のバッカーは、ともにまだ20代だったらしく、世界の常識を変えてやろうという野心が言葉の端々（はしばし）からビシバシと伝わってくる本だった。バッカーは、全世界の古生物学に大きな衝撃を与えた学説（鳥は恐竜である）を『サイエンティフィック・アメリカン』で発表した直後とのことだった。この本以上の衝撃を受けた本は、それまでなかった。

家に帰った私は、土曜の午後で、縁側に布団を干してあってポカポカしていたので、これに寝そべり座布団を折って枕にしてその本を読み始めたが、その時に受けた新鮮な衝撃はいまだに忘れられない。著者のデズモンドは、恐竜のほとんどすべてが温血動物であるという主張だった。今考えると、その証拠はまったく貧弱なものだったはずだが、その結論は単純明快だった。哺乳類や鳥などの温血動物の骨には、ハバース管という特別な構造があり、これが恐竜にもある。また肉食獣と草食獣との比率が、爬虫類のものよりも哺乳類のものに近かった。

これらのことがすごく新鮮で、胸が弾（はず）んだことを覚えている。この時に感じていた日干ししていた布団の暖かさと、西日のまぶしさや縁側から見える庭の風景とともに、本の内容が私の頭の中に明確に残っている。

今から考えると、『大恐竜時代』の仮説は過度の一般化を行いすぎ、多少の行きすぎも多く含んでいたことも確かだろう。しかしこの本は、専門家の間での厳しい検証に堪えるという基準で評価するべきではあるまい。この本の価値は、「恐竜は冷血動物で愚鈍な生物」という常識を破壊して、多くの若者に、「恐竜は温血動物で機敏な生物」という新しい世界を示したことだろう。いわば、『大恐竜時代』は、少年に「新しい世界」を見せ、その楽しさと面白さを伝えることができたのだ。

　後から生命科学や古生物学の分野に入ってくる若い研究者に、この分野の新しい可能性を感じさせるのに十分な魅力を持っていたことは確かだ。その意味でオストロムとデズモンドとバッカーは恐竜ルネッサンスを始めたと認識されているのだろう。

『大恐竜時代』の中で、オストロムが、「ドロマエオサウルス科の獣脚類の骨格は鳥の骨格とそっくりであり、鳥と同じような運動能力があったはずだ」と述べているところは大変に新鮮だった。恐竜を鳥に近いものとして描いている、こんな歯切れのいい本は読んだことがなかった。

『大恐竜時代』の結論は、恐竜の仲間（鳥盤類、竜脚類、および獣脚類）のすべてが温血動物だったという斬新な学説である。それまでの恐竜のイメージといったら、ほとんどトカゲが大きくなったような感じだった。動きは鈍くて変温動物で、全身がウロコで覆われている。

また獣脚類は、二足歩行には違いがなかったが、ゴジラのような姿勢で頭を高く持ち上げて、ガニ股で歩く動物として描かれていた。ゴジラのような姿勢であるとすると、大腿骨は背骨に対して斜め横に出ることになり、高速での移動はまったく想定していないということになる。

『大恐竜時代』の中では、ドロマエオサウルスなどの小型獣脚類は、尾をぴんと伸ばして、背骨を水平に一直線にして高速で走る図が挿入されていて、これに魅せられたのを覚えている。

小春日和の縁側で布団に横になって、食い入るように見たドロマエオサウルス科の獣脚類・ディノニクスが走行する復元図は、当時14歳だった私の脳裏に深く感銘を与えるに十分だった。その時に思ったことは、私もオストロムやバッカーのように生物学に変革をもたらしたいということだった。常識というものが、いかにもろいものであるかも、その時に知った。オストロムとバッカーが、この100年の間、古生物学を支配した常識を破壊して、新しい恐竜の世界をつくろうとしていることに少年ながらに共感を覚えた。

大学生になって、このような科学の分野の常識を「パラダイム」ということを知った（＊89）。科学が進歩してパラダイムでは説明がつかないことが次々に現れ、パラダイムが崩壊する。これをパラダイムシフトと呼ぶ。恐竜ルネッサンスは、1つのパラダイムシフトだったのである。

多くの若者や少年・少女に、新しい世界（初期獣脚類の真実）を少しでも見せることができたらと思いつつ、筆をおくことにする。この「新しい世界」は、読者の家の外で毎朝さえずりを聞かせてくれる小鳥を理解し、よりよい自然との共生を生み出すことであると信じる。小鳥はドロマエオサウルス科の後期獣脚類の1つの属であるのだから。

この書籍では、生存競争という観点でしか述べていないが、知性を獲得したホモ・サピエンスの未来への義務は、「共生」という観点で、このドロマエオサウルス科の後期獣脚類とともにある生活を創造することにあると私は思う。

謝辞

この書籍の完成までには多くの方々のご尽力があった。

カバーのコエロフィシスの復元画、および本文36～37頁の復元画の作成には、東京工科大学副学長・デザイン学部長の伊藤丙雄（あきお）先生にご協力いただいた。

岩手大学農学部長の伊藤菊一先生には、ザゼンソウの写真を提供していただいた。

岩手医科大学前教授の遠山稿二郎先生には、原稿へのコメントをいただいた。

ミトコンドリアや低酸素応答に関しては、弘前大学医学部教授の伊東健先生と有益な討論をさせていただいた。

鳥の生理学に関しては、ダチョウ博士である京都府立大学学長の塚本康浩先生と有益な討論をさせていただいた。

この書籍の執筆をすることを提案したのは、私の妻の佐藤千晶であり、この書籍の完成まで一貫して激励してもらった。また、本書担当の光文社の編集者である草薙麻友子様のご尽力があったからこそ本書は世に出すことができたと認識している。深く感謝申し上げる。

佐藤拓己

ドロマエオサウルス科の後期獣脚類「リリちゃん」（コザクラインコ）とともに
２０２４年８月16日　台風７号最接近の深夜に

Response. Physiol Biochem Zool. 2022 Mar-Apr;95(2):152-167. doi: 10.1086/718410. PMID: 35089849.

Appenheimer MM, Evans SS. Temperature and adaptive immunity. Handb Clin Neurol. 2018; 156:397-415. doi: 10.1016/B978-0-444-63912-7.00024-2. PMID: 30454603.

★ 88) **論文**：ハイパーサーミア（温熱療法）ががん治療に有効であることの総説。

Chang D, Lim M, Goos JACM, Qiao R, Ng YY, Mansfeld FM, Jackson M, Davis TP, Kavallaris M. Biologically Targeted Magnetic Hyperthermia: Potential and Limitations. Front Pharmacol. 2018 Aug 2;9:831. doi: 10.3389/fphar.2018.00831. PMID: 30116191; PMCID: PMC6083434.

Andrade PMV, Valim LÍM, Santos JMD, Castro I, Amaral JLGD, Silva HCAD. Fatigue, depression, and physical activity in patients with malignant hyperthermia: a cross-sectional observational study. Braz J Anesthesiol. 2023 Mar-Apr;73(2):132-137. doi: 10.1016/j.bjane.2021.07.038. Epub 2021 Oct 6. PMID: 34626754; PMCID: PMC10068523.

★ 89) **書籍**：科学分野の常識が進歩とともにどのように変化するか考察した本。『科学革命の構造　新版』トマス・S・クーン著、イアン・ハッキング序説、青木薫訳、みすず書房、2023年。

★ 84）**論文**：マウスでインスリンが老化ホルモンであることを示唆。

Blüher M, Kahn BB, Kahn CR. Extended longevity in mice lacking the insulin receptor in adipose tissue. Science. 2003 Jan 24;299(5606):572-4. doi: 10.1126/science.1078223. PMID: 12543978.

Bartke A. Impact of reduced insulin-like growth factor-1/insulin signaling on aging in mammals: novel findings. Aging Cell. 2008 Jun;7(3):285-90. doi: 10.1111/j.1474-9726.2008.00387.x. Epub 2008 Mar 11. PMID: 18346217.

★ 85）**論文**：インスリンが初期発生において必要であることを証明。これは鳥でも哺乳類でも同じである。

Accili D, Drago J, Lee EJ, Johnson MD, Cool MH, Salvatore P, Asico LD, José PA, Taylor SI, Westphal H. Early neonatal death in mice homozygous for a null allele of the insulin receptor gene. Nat Genet. 1996 Jan;12(1):106-9. doi: 10.1038/ng0196-106. PMID: 8528241.

Joshi RL, Lamothe B, Cordonnier N, Mesbah K, Monthioux E, Jami J, Bucchini D. Targeted disruption of the insulin receptor gene in the mouse results in neonatal lethality. EMBO J. 1996 Apr 1;15(7):1542-7. PMID: 8612577; PMCID: PMC450062.

★ 86）**論文**：鳥においてインスリンは幼鳥の時は効果があるが、成鳥では効果がないことを報告。

Waldbillig RJ, Arnold DR, Fletcher RT, Chader GJ. Insulin and IGF-1 binding in chick sclera. Invest Ophthalmol Vis Sci. 1990 Jun;31(6):1015-22. PMID: 2162332.

★ 87）**論文**：鳥において体温が高いことが免疫活性の強化に貢献している。

Tapper S, Tabh JKR, Tattersall GJ, Burness G. Changes in Body Surface Temperature Play an Underappreciated Role in the Avian Immune

★ 80）**論文**：鳥のミトコンドリアは脱共役の割合が高いことを報告。

Brand MD. Uncoupling to survive? The role of mitochondrial inefficiency in ageing. Exp Gerontol. 2000 Sep;35(6-7):811-20. doi: 10.1016/s0531-5565(00)00135-2. PMID: 11053672.

★ 81）**論文**：ザゼンソウの発熱は脱共役によることを発見。

Tanimoto H, Umekawa Y, Takahashi H, Goto K, Ito K. Gene expression and metabolite levels converge in the thermogenic spadix of skunk cabbage. Plant Physiol. 2024 May 31;195(2):1561-1585. doi: 10.1093/plphys/kiae059. PMID: 38318875; PMCID: PMC11142342.

★ 82）**論文**：バードパラドックスの代表的な総説。

Clark A, Koc G, Eyre-Walker Y, Eyre-Walker A. What Determines Levels of Mitochondrial Genetic Diversity in Birds? Genome Biol Evol. 2023 May 5;15(5): evad064. doi: 10.1093/gbe/evad064. PMID: 37097191; PMCID: PMC10159584.

Castiglione GM, Xu Z, Zhou L, Duh EJ. Adaptation of the master antioxidant response connects metabolism, lifespan and feather development pathways in birds. Nat Commun. 2020 May 18;11(1):2476. doi: 10.1038/s41467-020-16129-4. PMID: 32424161; PMCID: PMC7234996.

★ 83）**論文**：線虫でインスリンが老化ホルモンであることを示唆。

Kenyon C, Chang J, Gensch E, Rudner A, Tabtiang R. A C. elegans mutant that lives twice as long as wild type. Nature. 1993 Dec 2;366(6454):461-4. doi: 10.1038/366461a0. PMID: 8247153.

Kimura KD, Tissenbaum HA, Liu Y, Ruvkun G. daf-2, an insulin receptor-like gene that regulates longevity and diapause in Caenorhabditis elegans. Science. 1997 Aug 15;277(5328):942-6. doi: 10.1126/science.277.5328.942. PMID: 9252323.

★ 77）論文：インスリンが肺の上皮組織を肥厚させることを報告。

Khateeb J, Fuchs E, Khamaisi M. Diabetes and Lung Disease: A Neglected Relationship. Rev Diabet Stud. 2019 Feb 25;15:1-15. doi: 10.1900/RDS.2019.15.1. PMID: 30489598; PMCID: PMC6760893.

Kolahian S, Leiss V, Nürnberg B. Diabetic lung disease: fact or fiction? Rev Endocr Metab Disord. 2019 Sep;20(3):303-319. doi: 10.1007/s11154-019-09516-w. PMID: 31637580; PMCID: PMC7102037.

★ 78）アパトサウルス：ジュラ紀後期の北米大陸に生息していた大型草食性恐竜。20 mを超える大きさがあり、群れで移動していたとされる。

★ 79）トリナクソドン：三畳紀にアフリカに生息していた獣弓類。低酸素への適応のため、横隔膜を装着した。

★ 72）**書籍**：『ダーウィン以来——進化論への招待』スティーヴン・ジェイ・グールド著、浦本昌紀・寺田鴻訳、ハヤカワ文庫、1995年。

★ 73）**論文**：鳥は血中のケトン体とブドウ糖濃度が高いことを報告。

Sweazea KL, McMurtry JP, Elsey RM, Redig P, Braun EJ. Comparison of metabolic substrates in alligators and several birds of prey. Zoology (Jena). 2014 Aug;117(4):253-60. doi: 10.1016/j.zool.2014.04.002. Epub 2014 Jun 11. PMID: 25043840.

★ 74）**論文**：鳥ではインスリンの効果が薄いことを報告。

Dupont J, Métayer-Coustard S, Ji B, Ramé C, Gespach C, Voy B, Simon J. Characterization of major elements of insulin signaling cascade in chicken adipose tissue: apparent insulin refractoriness. Gen Comp Endocrinol. 2012 Mar 1;176(1):86-93. doi: 10.1016/j.ygcen.2011.12.030. Epub 2012 Jan 3. PMID: 22233773.

★ 75）**論文**：鳥ではインスリンの感受性に関与する遺伝子が多数欠損していることを報告。

Daković N, Térézol M, Pitel F, Maillard V, Elis S, Leroux S, Lagarrigue S, Gondret F, Klopp C, Baeza E, Duclos MJ, Roest Crollius H, Monget P. The loss of adipokine genes in the chicken genome and implications for insulin metabolism. Mol Biol Evol. 2014 Oct;31(10):2637-46. doi: 10.1093/molbev/msu208. Epub 2014 Jul 10. PMID: 25015647.

★ 76）**論文**：鳥の肺の上皮組織は哺乳類よりも薄いことを発見。

West JB. Comparative physiology of the pulmonary blood-gas barrier: the unique avian solution. Am J Physiol Regul Integr Comp Physiol. 2009 Dec;297(6):R1625-34. doi: 10.1152/ajpregu.00459.2009. Epub 2009 Sep 30. PMID: 19793953; PMCID: PMC2803621.

★ 67) **書籍**：『生物はなぜ誕生したのか――生命の起源と進化の最新科学』ピーター・ウォード／ジョゼフ・カーシュヴィンク著、梶山あゆみ訳、河出文庫、2020年。

★ 68) **論文**：コラーゲンの合成に酸素が必要であることは、多数の論文が報告している。ここでは以下の２つを紹介する。

Smith TG, Talbot NP. Prolyl hydroxylases and therapeutics. Antioxid Redox Signal. 2010 Apr;12(4):431-3. doi: 10.1089/ars.2009.2901. PMID: 19761407.

Nytko KJ, Maeda N, Schläfli P, Spielmann P, Wenger RH, Stiehl DP. Vitamin C is dispensable for oxygen sensing in vivo. Blood. 2011 May 19;117(20):5485-93. doi: 10.1182/blood-2010-09-307637. Epub 2011 Feb 23. PMID: 21346252; PMCID: PMC3109719.

★ 69) **論文**：双弓類の肺では空気が一方向に流れることを証明。

Farmer CG. The Evolution of Unidirectional Pulmonary Airflow. Physiology (Bethesda). 2015 Jul;30(4):260-72. doi: 10.1152/physiol.00056.2014. PMID: 26136540.

★ 70) **論文**：ジュラシックゲノムの方法論の提案。

Organ CL, Brusatte SL, Stein K. Sauropod dinosaurs evolved moderately sized genomes unrelated to body size. Proc Biol Sci. 2009 Dec 22;276(1677):4303-8. doi: 10.1098/rspb.2009.1343. Epub 2009 Sep 30. PMID: 19793755; PMCID: PMC2817110.

★ 71) **論文**：翼竜と獣脚類ではゲノムサイズが縮小していることを発見。

Organ CL, Shedlock AM. Palaeogenomics of pterosaurs and the evolution of small genome size in flying vertebrates. Biol Lett. 2009 Feb 23;5(1):47-50. doi: 10.1098/rsbl.2008.0491. PMID: 18940771; PMCID: PMC2657748.

cam.19582. PMID: 22647940; PMCID: PMC3364138.

★ 63）論文：インスリンが幹細胞の培養に必須であることは、多くの論文が紹介しているが、ここでは以下の２つの論文を紹介する。

Tuch BE, Gao SY, Lees JG. Scaffolds for islets and stem cells differentiated into insulin-secreting cells. Front Biosci (Landmark Ed). 2014 Jan 1;19(1):126-38. doi: 10.2741/4199. PMID: 24389176.

Schroeder IS, Kania G, Blyszczuk P, Wobus AM. Insulin-producing cells. Methods Enzymol. 2006; 418:315-33. doi: 10.1016/S0076-6879(06)18019-2. PMID: 17141044.

★ 64）論文：低酸素がインスリンの感受性を増加させることを報告した論文を紹介する。

Gamboa JL, Garcia-Cazarin ML, Andrade FH. Chronic hypoxia increases insulin-stimulated glucose uptake in mouse soleus muscle. Am J Physiol Regul Integr Comp Physiol. 2011 Jan;300(1):R85-91. doi: 10.1152/ajpregu.00078.2010

Yim S, Choi SM, Choi Y, Lee N, Chung J, Park H. Insulin and hypoxia share common target genes but not the hypoxia-inducible factor-1alpha. J Biol Chem. 2003 Oct 3;278(40):38260-8. doi: 10.1074/jbc.M306016200. Epub 2003 Jul 21. PMID: 12876287.

★ 65）藻類：光合成を行う生物のうち、地上に生息する緑色植物を除いた真核生物を示す。シアノバクテリアは含まれない。

★ 66）論文：葉緑体の起源の総説は数多くあるが、ここでは１つだけ述べる。

Sato N. Revisiting the theoretical basis of the endosymbiotic origin of plastids in the original context of Lynn Margulis on the origin of mitosing, eukaryotic cells. J Theor Biol. 2017 Dec 7; 434:104-113. doi: 10.1016/j.jtbi.2017.08.028. Epub 2017 Sep 8. PMID: 28870618.

★ 60) **論文**：低酸素応答の機序に関する論文は多数あるが、進化的な立場からの総説から以下の２つを紹介する。2019 年のノーベル生理学・医学賞の対象になった。

Semenza GL. Oxygen homeostasis. Wiley Interdiscip Rev Syst Biol Med. 2010 May-Jun;2(3):336-361. doi: 10.1002/wsbm.69. PMID: 20836033.

Semenza GL. Hypoxia-inducible factors in physiology and medicine. Cell. 2012 Feb 3;148(3):399-408. doi: 10.1016/j.cell.2012.01.021. PMID: 22304911; PMCID: PMC3437543.

★ 61) **論文**：インスリンが低酸素応答を強化するという論文は多数あるが、その中から以下の２つを紹介する。

He Q, Gao Z, Yin J, Zhang J, Yun Z, Ye J. Regulation of HIF-1{alpha} activity in adipose tissue by obesity-associated factors: adipogenesis, insulin, and hypoxia. Am J Physiol Endocrinol Metab. 2011 May;300(5): E877-85. doi: 10.1152/ajpendo.00626.2010. Epub 2011 Feb 22. PMID: 21343542; PMCID: PMC3093977.

Glassford AJ, Yue P, Sheikh AY, Chun HJ, Zarafshar S, Chan DA, Reaven GM, Quertermous T, Tsao PS. HIF-1 regulates hypoxia- and insulin-induced expression of apelin in adipocytes. Am J Physiol Endocrinol Metab. 2007 Dec;293(6): E1590-6. doi: 10.1152/ajpendo.00490.2007. Epub 2007 Sep 18. PMID: 17878221; PMCID: PMC2570255.

★ 62) **論文**：酸素濃度が細胞の性質を決めることは多くの報告がある。ここでは以下の２つを紹介する。

Bargiela D, Burr SP, Chinnery PF. Mitochondria and Hypoxia: Metabolic Crosstalk in Cell-Fate Decisions. Trends Endocrinol Metab. 2018 Apr;29(4):249-259. doi: 10.1016/j.tem.2018.02.002. Epub 2018 Feb 28. PMID: 29501229.

Crossin KL. Oxygen levels and the regulation of cell adhesion in the nervous system: a control point for morphogenesis in development, disease and evolution? Cell Adh Migr. 2012 Jan-Feb;6(1):49-58. doi: 10.4161/

★ 54）**細胞内小器官**：細胞の内部で特に分化した形態や機能を持つ構造の総称である。ラテン語名であるオルガネラとも呼ばれる。ミトコンドリアや葉緑体が例。

★ 55）**真核生物**：細胞の中に核膜に包まれた核を持つ生物である。すべての動物、植物、菌類、そして多くの原生生物が、真核生物である。

★ 56）**シアノバクテリア**：酸素を発生させる光合成を行う細菌の一群である。地球上に初めて現れた、酸素を発生させる光合成生物であった（およそ25億～30億年前）。シアノバクテリアの光合成によって、地球上に初めて酸素が安定的に供給されるようになった。約15億年前、シアノバクテリアが真核生物に共生し、葉緑体になった。これにより光合成の効率は増加した。

★ 57）**真正細菌**：古細菌、真核生物とともに全生物界を３分する、生物の主要なドメインの１つである。真正細菌と古細菌を合わせて原核生物と呼ぶ。核を持たないという点で古細菌と類似するが、古細菌とは非常に異なる生物である。

★ 58）**論文**：細胞内共生の総説。

Guerrero R, Margulis L, Berlanga M. Symbiogenesis: the holobiont as a unit of evolution. Int Microbiol. 2013 Sep;16(3):133-43. doi: 10.2436/20.1501.01.188. PMID: 24568029.

★ 59）**論文**：単細胞生物でのインスリンの作用の総説。

Christensen ST, Guerra CF, Awan A, Wheatley DN, Satir P. Insulin receptor-like proteins in Tetrahymena thermophila ciliary membranes. Curr Biol. 2003 Jan 21;13(2):R50-2. doi: 10.1016/s0960-9822(02)01425-2. PMID: 12546802.

palaeocolour reconstruction and a framework for future research. Biol Rev Camb Philos Soc. 2020 Feb;95(1):22-50. doi: 10.1111/brv.12552. Epub 2019 Sep 19. Erratum in: Biol Rev Camb Philos Soc. 2023 Feb;98(1):386-389. doi: 10.1111/brv.12901. PMID: 31538399; PMCID: PMC7004074.

★ 49) **論文**：ティラノサウルス科の大型獣脚類ユティラヌスに羽毛を証明した。

Xu X, Norell MA, Kuang X, Wang X, Zhao Q, Jia C. Basal tyrannosauroids from China and evidence for protofeathers in tyrannosauroids. Nature. 2004 Oct 7;431(7009):680-4. doi: 10.1038/nature02855. PMID: 15470426.

★ 50) **論文**：ＫＴ境界に高濃度のイリジウムを発見した。

Alvarez LW, Alvarez W, Asaro F, Michel HV. Extraterrestrial cause for the cretaceous-tertiary extinction. Science. 1980 Jun 6;208(4448):1095-108. doi: 10.1126/science.208.4448.1095. PMID: 17783054.

★ 51) **書籍**：『生きた化石と大量絶滅――メトセラの軌跡』ピーター・ダグラス・ウォード著、瀬戸口烈司・原田憲一・大野照文訳、青土社、2005 年。

★ 52) **論文**：ＰＴ境界はホットプルームの上昇によることを提唱。

Rampino MR, Rodriguez S, Baransky E, Cai Y. Global nickel anomaly links Siberian Traps eruptions and the latest Permian mass extinction. Sci Rep. 2017 Sep 29;7(1):12416. doi: 10.1038/s41598-017-12759-9. PMID: 28963524; PMCID: PMC5622041.

★ 53) **ミトコンドリア**：真核生物の細胞の中に存在する、細胞内小器官の１つ。脂質二重層でできた外膜と内膜を有し、エネルギー基質を合成する。

★43）ユティラヌス：白亜紀前期に中国に生息していたティラノサウルス科の大型獣脚類。羽毛が証明された。

ユティラヌス

★44）論文：獣脚類に気嚢を証明した。

O'Connor PM, Claessens LP. Basic avian pulmonary design and flow-through ventilation in non-avian theropod dinosaurs. Nature. 2005 Jul 14;436(7048):253-6. doi: 10.1038/nature03716. PMID: 16015329.

★45）書籍：『恐竜異説』ロバート・T・バッカー著、瀬戸口烈司訳、平凡社、1989年。

★46）書籍：『恐竜ルネサンス』フィリップ・カリー著、小畠郁生訳、講談社現代新書、1994年。

★47）論文：羽毛恐竜の発見に基づき、恐竜の分類を再定義した。

Benton MJ, Currie PJ, Xu X. A thing with feathers. Curr Biol. 2021 Nov 8;31(21): R1406-R1409. doi: 10.1016/j.cub.2021.09.064. PMID: 34752760.

★48）論文：羽毛恐竜の総説。

Roy A, Pittman M, Saitta ET, Kaye TG, Xu X. Recent advances in amniote sensory organization and behavior. Anat Rec (Hoboken). 2009 Sep;292(9):1266-96. doi: 10.1002/ar.20983. PMID: 19711459.

★ 37）トロオドン：白亜紀後期に北アメリカに生息したマニラプトル科に含まれる小型獣脚類。羽毛を持っていたとされる。

★ 38）ディノニクス：白亜紀前期の北アメリカに生息したドロマエオサウルス科の小型獣脚類。羽毛があった可能性が高い。

ディノニクス

★ 39）論文：新しい動物分類法を提案。

Robbert T. Bakker. Dinosaur Renaissance. 1975 April 1. Scientific American.

★ 40）書籍：『大恐竜時代——1億年前の地球』アドリアン・J・デズモンド著、加藤秀訳、二見書房、1976年。

★ 41）イリジウム：原子番号77の白金族元素である、レアアースの一種。地球内部のマントルに高濃度に含まれるが、地殻にはほとんどないとされる。

★ 42）シノサウロプテリクス：白亜紀前期に中国に生息した小型獣脚類。羽毛が証明された。

★33）ベロキラプトル：白亜紀後期に東アジアに生息していたドロマエオサウルス科の獣脚類。足に大きな鉤爪をそなえる。羽毛恐竜であったと考えられる。体長2m、体高50cm程度である。頭骨は比較的横に広く、目は前を向き脳の容積も大きかったことから、部分的な両眼視および立体認識はでき、知能は高かった。

ベロキラプトル

★34）マプサウルス：白亜紀前期に南米に生息した大型獣脚類。全長約13mの世界最大級の肉食恐竜である。

★35）スピノサウルス：白亜紀後期に北アフリカに出現したスピノサウルス科の獣脚類で、魚食を主にしていたとされる。

★36）論文：ローレンス・ウィットマーの代表的論文。ティラノサウルスの脳の全体構造をＣＴやＭＲＩ撮影から再構成した。

Witmer LM, Ridgely RC. New insights into the brain, braincase, and ear region of tyrannosaurs (Dinosauria, Theropoda), with implications for

最古の獣脚類。後に登場する獣脚類と比べて後肢や前肢に多分に原始的な特徴が見られる。この頃まだ獣脚類は生態系を制覇していなかったが、その運動能力は他の脊椎動物と比較してはるかに高かった。

ヘレラサウルス

★ 31） **ハドロサウルス**：白亜紀後期に生息した大型草食恐竜で、鳥盤類に含まれる。群れで移動しながら生活していたとされる。

★ 32） **ユタラプトル**：白亜紀前期に北米にいた、ドロマエオサウルス科の獣脚類では最大の恐竜。体長は約 6 m、体高は約 1.5 m である。

ユタラプトル

★ 25）外温性：体内で積極的に熱を産生せず、外部環境に体温が影響される性質。

★ 26）主竜類：爬虫類に属する分類群で、広く恐竜や鳥も含むが、ここではワニを示す分類群として主竜類を用いる。

★ 27）インスリン：血糖値を調節するホルモンとして、20 世紀の初めに発見された。肥満や老化を促進するホルモンとしても知られる。単細胞生物にも存在する最古のホルモンの１つである。

★ 28）論文：インスリンを細胞や動物に与えると、ミトコンドリアの酸素消費は抑制されるが、これに関しては多くの報告がある。ここでは２つの論文を紹介する。

Liu HY, Yehuda-Shnaidman E, Hong T, Han J, Pi J, Liu Z, Cao W. Prolonged exposure to insulin suppresses mitochondrial production in primary hepatocytes. J Biol Chem. 2009 May 22;284(21):14087-95. doi: 10.1074/jbc.M807992200. Epub 2009 Mar 31. PMID: 19336408; PMCID: PMC2682857.

Wang SQ, Yang XY, Cui SX, Gao ZH, Qu XJ. Heterozygous knockout insulin-like growth factor-1 receptor (IGF-1R) regulates mitochondrial functions and prevents colitis and colorectal cancer. Free Radic Biol Med. 2019 Apr; 134:87-98. doi: 10.1016/j.freeradbiomed.2018.12.035. Epub 2019 Jan 3. PMID: 30611867.

★ 29）論文：コエロフィシスの頭骨の研究論文。

Buckley L and Currie Philip. Analysis of intraspecific and ontogenetic variation in the dentition of Coelophysis bauri (Late Triassic), and implications for the systematics of isolated theropod teeth. Bulletin of the New Mexico Museum of Natural History and Science (2014) 63.

★ 30）ヘレラサウルス：三畳紀後期（約２億３千万年前）に登場した、

★ 21）古細菌：地球上のすべての生物は、細菌、古細菌、そして真核生物の3つのグループに分かれる。約20億年前に細菌の1つが古細菌に共生して、真核生物が誕生したとされる。一般に古細菌は嫌気性の環境にしかいない。

★ 22）プラケリアス：三畳紀後期に存在した獣弓類の代表的な草食動物。群れで生活していたと推測される。横隔膜はなく、低酸素には適応していなかった。

プラケリアス

★ 23）内温性：体内で積極的に熱を産生して、体温を一定に保つことができる性質。

★ 24）ルティオドン：三畳紀後期に存在した主竜類（爬虫類）の代表的な肉食動物。水生だったと予想され、ワニと同様の生態学的位置を占めていた。

ルティオドン

★ 17) **書籍**：『恐竜はなぜ鳥に進化したのか――絶滅も進化も酸素濃度が決めた』ピーター・D・ウォード著、垂水雄二訳、文春文庫、2010 年。

★ 18) **書籍**：『恐竜の世界史――負け犬が覇者となり、絶滅するまで』スティーブ・ブルサッテ著、黒川耕大訳、土屋健日本語版監修、みすず書房、2019 年。

★ 19) **アロサウルス**：ジュラ紀後期に出現するアロサウルス科の獣脚類。北米大陸では当時、最大で最強の獣脚類。

アロサウルス

★ 20) **ティラノサウルス**：白亜紀末期に出現するティラノサウルス科の獣脚類。北米大陸では当時、最大で最強の獣脚類。

ティラノサウルス

Science. 2007 Apr 27;316(5824):557-8. doi: 10.1126/science.1140273. PMID: 17463279.

★ 14）始祖鳥（アーケオプテリクス）：ジュラ紀後期に現れた、羽毛を持った獣脚類である。内温性で、飛行能力はあったとされるが、鳥の直接の先祖ではないとされる。

始祖鳥
（アーケオプテリクス）

★ 15）ドロマエオサウルス：白亜紀後期に存在した小型獣脚類。ドロマエオサウルス科（後肢の第２指の鉤爪が特徴）を指すこともある。最も鳥に近い獣脚類のグループで、多くが羽毛を持っていて内温性であったとされる。

ドロマエオサウルス

★ 16）中間形質：２つの生物が同じ形質を共有している時、中間形質と呼ぶことがある。一般には生物進化の途中の生物とされる。たとえば、始祖鳥は恐竜と鳥の形質を持っているため、恐竜と鳥の中間形質と解釈できる。

japplphysiol.00110.2017. Epub 2017 Aug 24. PMID: 28839002; PMCID: PMC5668450.

West JB. High Altitude Limits of Living Things. High Alt Med Biol. 2021 Sep;22(3):342-345. doi: 10.1089/ham.2020.0212. Epub 2021 Jun 7. PMID: 34097498.

★ 9）論文：鳥がスーパーミトコンドリアを持っているという学説を述べた論文。ただしスーパーミトコンドリアという用語は筆者の造語である。

Hickey AJ, Jüllig M, Aitken J, Loomes K, Hauber ME, Phillips AR. Birds and longevity: does flight driven aerobicity provide an oxidative sink? Ageing Res Rev. 2012 Apr;11(2):242-53. doi: 10.1016/j.arr.2011.12.002. Epub 2011 Dec 13. PMID: 22198369.

★ 10）翼竜：恐竜の仲間ではないが、三畳紀の中頃、原始的な双弓類から進化して、脊椎動物の中で初めて飛行を可能にした。しかし恐竜とともに、ＫＴ境界の時に絶滅した。

★ 11）PT 境界：約２億５千万年前に起こった大絶滅のため、生物の化石がほとんどない地層部分のことを指すが、大絶滅のイベント全体を指す用語としても使われる。この地層で古生代（ペルム紀）が終わり、中生代（三畳紀）に入る。

★ 12）KT 境界：約６千６百万年前に起こった大絶滅のため、生物の化石がほとんどない地層部分のことを指すが、大絶滅のイベント全体を指す用語としても使われる。この地層で中生代（白亜紀）が終わり、新生代（第三紀）に入る。

★ 13）文献：ピーター・ウォードらが提唱した、地球上の酸素濃度の変遷。酸素濃度に関しては最も信用できる。

Berner RA, Vandenbrooks JM, Ward PD. Evolution. Oxygen and evolution.

ミトコンドリアだけを取り出して、酸素消費などを計測して比較を行った研究は、50年ほど前から数多く存在する。本書では、このような鳥のミトコンドリアを「スーパーミトコンドリア」と呼ぶ。この起源はＰＴ境界の直後にあるため、初期獣脚類においてすでにスーパーミトコンドリアを持っていたはずだ。本文の図34（196頁）参照。

★ 6）**論文**：鳥類のミトコンドリアが哺乳類のミトコンドリアよりもはるかに活性が高いことについては、数多くの報告がある。ここでは３つの論文を紹介しておく。

Barja G. Mitochondrial free radical production and aging in mammals and birds. Ann N Y Acad Sci. 1998 Nov 20; 854:224-38. doi: 10.1111/j.1749-6632. 1998. tb09905. x. PMID: 9928433.

Butler PJ. Metabolic regulation in diving birds and mammals. Respir Physiol Neurobiol. 2004 Aug 12;141(3):297-315. doi: 10.1016/j.resp.2004.01.010. PMID: 15288601.

Barja G, Cadenas S, Rojas C, Pérez-Campo R, López-Torres M. Low mitochondrial free radical production per unit O_2 consumption can explain the simultaneous presence of high longevity and high aerobic metabolic rate in birds. Free Radic Res. 1994 Oct;21(5):317-27. doi: 10.3109/10715769409056584. PMID: 7842141.

★ 7）**気嚢システム**：後気嚢と前気嚢があり、最初に後気嚢に空気が入り、肺、そして前気嚢を経て排気される。このため鳥は、哺乳類よりもはるかに高いガス交換能力を有する。本文の図45（243頁）参照。

★ 8）**論文**：鳥が低酸素に対して強い耐性があることは、多くの論文が報告している。ここでは２つの論文を紹介しておく。

Laguë SL. High-altitude champions: birds that live and migrate at altitude. J Appl Physiol (1985). 2017 Oct 1;123(4):942-950. doi: 10.1152/

【参考資料】

★ 1）獣脚類：直立二足歩行を行う恐竜で、多くは肉食恐竜（一部は草食）である。骨盤の恥骨が前方を向く。鳥類の先祖といわれる。本書に登場するコエロフィシス、ヘレラサウルス（以上、初期獣脚類）、アロサウルス、スピノサウルス、ドロマエオサウルス、ユタラプトル、ディノニクス（以上、後期獣脚類）は獣脚類に含まれる。このうち酸素濃度の低かった三畳紀からジュラ紀前期までの獣脚類を初期獣脚類、酸素濃度が現在と同じレベルに増加したジュラ紀後期から白亜紀の獣脚類を後期獣脚類と呼ぶ。
一般には2億3千万年前に誕生し、6千6百万年前に絶滅したとされる。現在の鳥を獣脚類に組み入れる見方も現れている。この見方によれば、獣脚類は絶滅していない。現在の鳥は、ドロマエオサウルス科の小型獣脚類として哺乳類よりも繁栄しているからである。

★ 2）コエロフィシス：三畳紀後期からジュラ紀初期に、北米など世界各地に存在した代表的な初期獣脚類。北米では一度に数百頭の化石がまとまって見つかることがある。

★ 3）獣弓類：ペルム紀末期から三畳紀後期にかけて存在した、哺乳類の先祖。プラケリアスやトリナクソドンは獣弓類に含まれる。プラケリアスは横隔膜がなかったが、トリナクソドンは横隔膜があった。過去には哺乳類型爬虫類ともいわれた。

★ 4）論文：筆者は2021年に「インスリン耐性が鳥への進化に必要である」という新しい進化学説を発表した。

Satoh T. Bird evolution by insulin resistance. Trends Endocrinol Metab. 2021 Oct;32(10):803-813. doi: 10.1016/j.tem.2021.07.007. Epub 2021 Aug 23. PMID: 34446347.

★ 5）スーパーミトコンドリア：鳥のミトコンドリアは、哺乳類のものよりもはるかに活性が高いことが知られている。鳥や哺乳類の

p.67：図６
ヘレラサウルス：国立科学博物館地球館地下１階に展示されている。
p.87：図７
ティラノサウルス：国立科学博物館地球館地下１階に展示されている。
アロサウルス：国立科学博物館地球館１階に展示されている。

p266：ルティオドン
Rutiodon carolinensis - By Nobu Tamura (http://spinops.blogspot.com) - Own work. / CC BY 2.5　https://commons.wikimedia.org/w/index.php?curid=19460383
p.264：ヘレラサウルス
Scientific Reconstruction of Herrerasaurus ischigualastensis - Fred Wierum - Own work. / CC BY - SA 4.0　https://commons.wikimedia.org/w/index.php?curid=49270112
p.264：ユタラプトル
Artistic restoration of Utahraptor ostrommaysorum - Fred Wierum - Own Work. / CC BY - SA 4.0　https://commons.wikimedia.org/w/index.php?curid=63257526
p.263：ベロキラプトル
Velociraptor skeleton - Eduard Solà Vázquez. / CC BY 3.0
https://commons.wikimedia.org/w/index.php?curid=38691471
p.262：ディノニクス
Reconstruction of dromaeosaur dinosaur Deinonychus antirrhopus; proportions based on Scott Hartman's skeletal diagram - Emily Willoughby, (e.deinonychus@gmail.com, emilywilloughby.com) - Own Work. / CC BY - SA 4.0　https://commons.wikimedia.org/w/index.php?curid=34538149
p.261：ユティラヌス
Life reconstruction of Yutyrannus huali (Tom Parker, 2016) - Tomopteryx - Own Work. / CC BY - SA 4.0
https://commons.wikimedia.org/w/index.php?curid=50608394
p.254：アパトサウルス
Illustration of the diplodocid Apatosaurus louisae - Durbed - http://durbed.deviantart.com/art/Thunder-lizard-338805355 / CC BY - SA 3.0
https://commons.wikimedia.org/w/index.php?curid=37129913
p.254：トリナクソドン
Thrinaxodon liorhinus, an early triassic cynodont of South Africa, pencil drawing, after skeletal by Kemp (1982) - By Nobu Tamura (http://spinops.blogspot.com) - Own work. / CC BY 2.5
https://commons.wikimedia.org/w/index.php?curid=19459918

〈サム・ニール〉
Sam Neill - New Zealand Government, Office of the Governor-General - https://gg.govt.nz/image-galleries/7424/media?page=1 / CC BY 4.0
https://commons.wikimedia.org/w/index.php?curid=91115461
p.113：図 12
〈ティラノサウルスの復元骨格（下：1990 年代以降）〉
Tyrannosaurus rex holotype specimen at the Carnegie Museum of Natural History, Pittsburgh - ScottRobertAnselmo - Own Work. / CC BY - SA 3.0　https://commons.wikimedia.org/w/index.php?curid=19248777
p.135：図 16、p.141：図 17、p.153：図 21
〈シアノバクテリア〉
Oscillatoria sp. - ja:User:NEON / User:NEON_ja - Own Work. / CC BY - SA 2.5　https://commons.wikimedia.org/w/index.php?curid=2496183
p.203：図 36
〈ジョン・ウェスト〉
Professor John West - By History of Modern Biomedicine Research Group. / CC BY - SA 4.0　https://commons.wikimedia.org/w/index.php?curid=63447250

p.268：始祖鳥（アーケオプテリクス）
Archaeopteryx lithographica - Pedro José Salas Fontelles. / CC BY - SA 3.0　https://commons.wikimedia.org/w/index.php?curid=60341786
p.268：ドロマエオサウルス
Dromaeosaurus, pencil drawing - Author: Nobu Tamura (http://spinops.blogspot.com). / CC BY 2.5　https://commons.wikimedia.org/wiki/File:Dromaeosaurus_BW.jpg
p267：アロサウルス
Allosaurus fragilis reconstruction - By Fred Wierum - Own work. / CC BY - SA 4.0　https://commons.wikimedia.org/w/index.php?curid=47577505
p.267：ティラノサウルス
Tyrannosaurus rex - By GgfHghf - Own work. / CC BY - SA 4.0
https://commons.wikimedia.org/w/index.php?curid=146192158
p266：プラケリアス
Placerias hesternus - By Dmitry Bogdanov - dmitrchel@mail.ru. / CC BY - SA 3.0　https://commons.wikimedia.org/w/index.php?curid=2677197

【図版・写真クレジット】

図 3（p.51）、図 8（p.90）、図 13（p.118）、図 14（p.124）、図 18（p.145）、図 22（p.157）、図 28（p.181）、図 29（p.183）、図 30（p.189）、図 31（p.191）、図 34（p.196）、図 35（p.201）、図 36（p.203）、図 44（p.239）は引用論文から転載。

以下の個人写真は本人から許可をいただいた。図 8（p.90）：ローレンス・ウィットマー、図 13（p.118）：徐星、図 14（p.124）：パトリック・オコナー、図 23（p.161）：ピーター・ウォードとジョゼフ・カーシュヴィンク、図 28（p.181）：クリス・オーガン

図 10（p.105）〈ジョン・オストロム〉は以下の論文より引用：Dodson, P., & Gingerich, P. (2006). John H. Ostrom. American Journal of Science, 306(1), i–vi. https://doi.org/10.2475/ajs.306.1.i

《ウィキメディア・コモンズ》
p.55：図 4
Skeletal diagram of Gasosaurus constructus illustrating - By IJReid - Own work. / CC BY 4.0 https://commons.wikimedia.org/w/index.php?curid=61115018
p.61：図 5、p.67：図 6
〈コエロフィシス〉
Coelophysis skeleton - By Matt Celeskey from Albuquerque. / CC BY - SA 2.0　https://commons.wikimedia.org/w/index.php?curid=5225105
p.105：図 10
〈ロバート・バッカー〉
Dr. Bob Bakker - Ed Schipul from Houston, TX, US - Dr. Bob BakkerUploaded by bobamnertiopsis. / CC BY 2.0　https://commons.wikimedia.org/w/index.php?curid=9030220
p.111：図 11
〈フィリップ・カリー〉
Philip J. Currie at Edmonton dinosaur dig, 2014 - jasonwoodhead23 - JASON WOODHEAD. / CC BY 2.0　https://commons.wikimedia.org/w/index.php?curid=41522501

ィシスの鮮烈なイメージにぴったりの画像になった。カバーの復元画では、頭の上や前肢の後ろ側の羽根にはあざやかな赤やピンクを使用していただいた。コエロフィシスが保護色を必要としなかったからである。保護色は、天敵から見つからないようにするか、または獲物から見つからないように隠れて待ち伏せをするために必要だが、卓越した運動能力を持つコエロフィシスにはこのどちらの必要もなかった。異性へのアピールのための装飾がダイレクトに表現型に現れやすいため、赤を基調として派手な色使いをしていただいた。

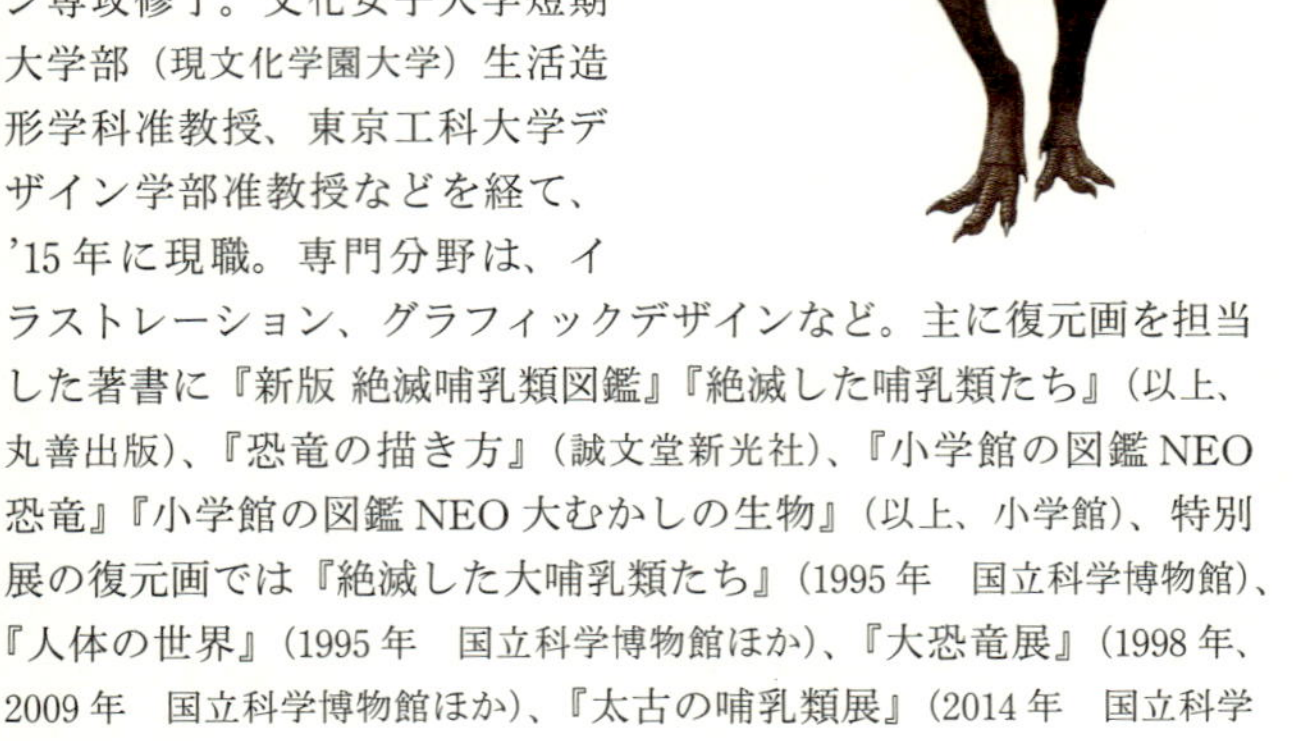

伊藤丙雄（いとうあきお）

1966年千葉県市川市生まれ。東京工科大学デザイン学部教授、同大学大学院デザイン研究科長、同大学副学長。'90年東京藝術大学美術学部デザイン科卒業、'92年同大学大学院形成デザイン専攻修了。文化女子大学短期大学部（現文化学園大学）生活造形学科准教授、東京工科大学デザイン学部准教授などを経て、'15年に現職。専門分野は、イラストレーション、グラフィックデザインなど。主に復元画を担当した著書に『新版 絶滅哺乳類図鑑』『絶滅した哺乳類たち』（以上、丸善出版）、『恐竜の描き方』（誠文堂新光社）、『小学館の図鑑NEO 恐竜』『小学館の図鑑NEO 大むかしの生物』（以上、小学館）、特別展の復元画では『絶滅した大哺乳類たち』（1995年　国立科学博物館）、『人体の世界』（1995年　国立科学博物館ほか）、『大恐竜展』（1998年、2009年　国立科学博物館ほか）、『太古の哺乳類展』（2014年　国立科学博物館）ほか多数。

【コエロフィシスの復元画と伊藤丙雄氏について】

今回、筆者の同僚でもある東京工科大学教授の伊藤丙雄氏に、本書のコエロフィシスの復元画（カバーとp36-37）を担当していただいた。伊藤氏は、恐竜の復元画の第一人者である。

1．恐竜の復元図の重要性

恐竜の世界は、理論だけでは十分なインパクトを得られない。画像や模型などのリアルなイメージが必要だ。現生の生物とはあまりにかけ離れているために、文字や化石、骨格図だけの情報では、漠然としたイメージしか与えられないからだ。例えば、恐竜を活動的な温血動物として視覚的によみがえらせる作業があったからこそ、アドリアン・J・デズモンドの名著『大恐竜時代』は世界に大きな影響を与えることができた。『大恐竜時代』の表紙の鮮烈なティラノサウルスの復元画があればこそ、私は恐竜への興味をかきたてられ、ついには生命科学を研究することになり、現在この書籍を書いているのだ。

2．伊藤丙雄氏との出会い

本書の構想は5年前からあったが、復元画をどうするのかについては、まったくあてがなかった。3年前（2021年9月）のある日、毎晩のように眺めていた小学館の恐竜図鑑の、最後のページを初めて読み、伊藤丙雄氏が復元画の担当であることを知った。伊藤氏は日本では恐竜の復元画の分野の第一人者であり、私が所属している東京工科大学のデザイン学部の学部長兼教授であったのだ。さっそく連絡を取り、「初期獣脚類の解剖と生理学」の新しい学説を伊藤教授に話し、初期獣脚類のニュービジュアルを提案した。この時、コエロフィシスの復元画を彼に直接依頼し、快諾をいただいた。本書のコエロフィシスの復元画は、本書のために創作した、伊藤氏と筆者との合作である。

3．コエロフィシスの復元画

伊藤氏の技術と経験のおかげで、高速スプリンターであるコエロフ

佐藤拓己（さとうたくみ）

1961年岩手県生まれ。東京工科大学応用生物学部教授。岩手県立一関第一高等学校理数科、東京大学農学部畜産獣医学科卒業。京都大学大学院医学系研究科分子医学専攻博士後期課程修了。博士（医学）。大阪大学蛋白質研究所研究員、財団法人大阪バイオサイエンス研究所研究員、岩手大学工学部准教授、米国サンフォード・バーナム研究所研究員を経て現職。麻布大学獣医学部客員教授兼務。専門は神経科学、抗老化学。著書に『脳の寿命を延ばす「脳エネルギー」革命』（光文社新書）、『ケトン体革命』（エール出版社）、鳥と恐竜についての論文に「Bird evolution by insulin resistance（鳥への進化はインスリン耐性から始まった）」がある。

恐竜はすごい、鳥はもっとすごい！
低酸素が実現させた驚異の運動能力

2025年1月30日初版1刷発行

著　者 ── 佐藤拓己
発行者 ── 三宅貴久
装　幀 ── アラン・チャン
印刷所 ── 萩原印刷
製本所 ── ナショナル製本
発行所 ── 株式会社光文社
東京都文京区音羽1-16-6(〒112-8011)
https://www.kobunsha.com/
電　話 ── 編集部03(5395)8289　書籍販売部03(5395)8116
制作部03(5395)8125
メール ── sinsyo@kobunsha.com

ISBN 978-4-334-10546-4

光文社新書

1342
海の変な生き物が教えてくれたこと
清水浩史
外見なんて気にするな、内面さえも気にするな！　水中観察30年の海と島の達人が、「地味で一癖ある」「厄介者」なのになぜか惹かれる10の生き物を厳選、カラー写真とともに紹介する。
978-4-334-10511-2

1343
イスラエルの自滅
剣によって立つ者、必ず剣によって倒される
宮田律
民間人に多大な犠牲者を出し続けているハマスとイスラエルによる「ガザ戦争」。イスラエルはなぜ対話へと舵をきらずに平和が遠のいているのか。その根源と破滅的な展望を示す。
978-4-334-10543-3

1344
知的障害者施設　潜入記
織田淳太郎
知人に頼まれ、「知的障害者施設」で働きはじめた著者が見たものとは？　入所者に対する厳罰主義、虐待、職員による「水増し請求」——驚きの実態を描いた迫真のルポルタージュ。
978-4-334-10544-0

1345
だから、お酒をやめました。
「死に至る病」5つの家族の物語
根岸康雄
わかっちゃいるけど、やめられない……そんなアルコール依存症の「底なし沼」から生還するためには、何が必要なのか。五者五様の物語と専門家による解説で、その道のりを探る。
978-4-334-10545-7

1346
恐竜はすごい、鳥はもっとすごい！
低酸素が実現させた驚異の運動能力
佐藤拓己
中生代の覇者となった獣脚類、その後継者である鳥は、低酸素への適応を通じなぜ驚異の能力を獲得できたのか。地球の歴史と共に、身体構造や進化の歴史、能力の秘密に、新説を交え迫る。
978-4-334-10546-4